周尤青

成大事者会理财

周尤青◎著

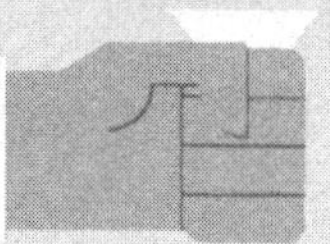

中国财富出版社

图书在版编目(CIP)数据

成大事者会理财 / 周尤青著. —北京：中国财富出版社，2016.1
ISBN 978-7-5047-5956-6

Ⅰ.①成… Ⅱ.①周… Ⅲ.①家庭管理—财务管理—通俗读物
Ⅳ.①TS976.15-49

中国版本图书馆CIP数据核字(2015)第290056号

策划编辑	张彩霞	**责任编辑**	白 昕 杨 曦		
责任印制	方朋远	**责任校对**	杨小静	**责任发行**	邢小波

出版发行	中国财富出版社		
社　　址	北京市丰台区南四环西路188号5区20楼　邮政编码　100070		
电　　话	010-52227568(发行部)	010-52227588转307(总编室)	
	010-68589540(读者服务部)	010-52227588转305(质检部)	
网　　址	http://www.cfpress.com.cn		
经　　销	新华书店		
印　　刷	北京高岭印刷有限公司		
书　　号	ISBN 978-7-5047-5956-6/TS·0092		
开　　本	710mm×1000mm　1/16	**版　　次**	2016年1月第1版
印　　张	14.5	**印　　次**	2016年1月第1次印刷
字　　数	201千字	**定　　价**	35.00元

PREFACE

前 言

“石油大王”洛克菲勒曾说过：“钱最重要的功能，是可以为未来提供一定程度的力量和安全感。”因此，赚钱不仅仅是一种谋生手段，它还承担着人们的希望与恐惧、理想与价值观，因而可以上升到社会和心理的概念。

拥有财富后，随之而来的便是如何实现财富的保值和增值。

富裕起来的人们纷纷找寻理财机会，这也催生了中国投资市场的几大热点。然而，国内外经济、金融形势日趋复杂，不确定因素加大，2008年蔓延全球的金融海啸至今让人心有余悸。过去的十年，中国股市经历了过山车式的震荡，而房地产价格则一路飙升……

都说君子防微杜渐，智者见于未萌，欲成大事，理财的艺术尤其重要。

从财务的角度讲，人的生活从开始工作到退休前无非分成两部分：上班赚钱，下班理财。上班赚钱是你为钱工作，而下班理财是让你赚到的钱为你工作。如果你既能做到上班多赚钱，又能做到下班理好财，那你这辈子肯定衣食无忧。但要做到上述两点并不容易，里面有很多的学问。

首先，我们绝对不能让对金钱的忧虑替代行动。事实证明，大部分忧虑都是多余的。当你忧虑的时候，越是犹豫，就越容易招致失败。很多时候，果断地行动是解决问题的最好办法。其实问题解决后，你会发现困难并没有想象中的那么大。面对忧虑时，耐心和习惯也相当重要，正是这两个指标托起了生命的价值。

其次，实现财富的保值与增值，需从家、业、天下和财富的传承四个方面来用功。“家”为家庭财富，是基础和根本，家庭理财首当求稳；“业”则为企业财富与发展。在中国的富裕人群中，有很大一部分是企业主，因而“业”是最主要的财富来源。但“业”往往也是风险最大的，因而本书中提出了很好的一点，就是该如何平衡“家”与“业”之间的关系，使“业”的风险性不至于影响“家”的稳定性。

正确认识赚钱的意义，把握金钱的价值，懂得赚钱的门道，学会理财的策略——五千年的智慧，不仅赋予了中国人赚取财富的能力，也凝练出了“君子爱财，取之有道”这样精辟的财富观。

理财的最高境界是财务自由、轻松自在、回报社会并实现更高的人生价值。这不仅关乎财富，更指向幸福。这正是本书的独特之处——我们传承的不应该只是“财”，还有各种“富”，知识的、心灵的以及一切美好的“富”。

理财是个重要的命题，完成这个命题并不比白手起家更简单，但我们相信，能成大事的你，有赚钱的能力，也会有理财的智慧！

CONTENTS

目录

/第一章/

志向决定命运

——男人要赚钱，先树立正确的金钱观

1.赚钱是男人必须面对的挑战

贫穷的人生是不完整的。没有钱就会逼着人为了生计而去做自己并不喜欢的事，有再远大的抱负，也不得不为五斗米折腰。

很多梦想之所以不能实现，其中一个主要原因就是没有钱。

然而“钱到底算个什么东西？”对这个问题每个人都有自己不同的回答，这体现了不同人的金钱观。从某种意义上讲，对钱的看法，决定着你能拥有多少财富。

下面两个年轻人截然不同的遭遇,可以很好地说明这一点。

一次不可抗拒的自然灾害,使两个年轻人成为了流离失所、相依为命的流浪者。在经历了数月的贫困侵袭之后,他们心中升起了同一个愿望——拥有财富。他们幸运地得到了一位智者的指点,知道了财富所藏之处。

于是,两个年轻人日夜兼程,一同奔向藏宝之地,但是沿途崎岖坎坷、障碍重重,疲劳和饥渴让他们一次又一次晕倒在路上。然而,在潜意识里,捧起金币时的满足感让他们一次次打起精神,继续向前迈进。也许是命运之神的有意安排,就在他们即将到达终点之时,他们同时想起了父亲在世时关于金钱的忠告。

"金钱是美好的东西,是一种可以用来帮助穷人的工具……"那个曾是富人的父亲总是这样告诉自己的儿子。

"金钱让人与人之间产生了不平等,是万恶之源,是使人堕落的陷阱,是不可多得的、肮脏的坏东西……"那个曾是穷人的父亲时常告诉自己的儿子。

回忆起父亲生前的忠告,想想脚下通往财富之途的艰险,穷家青年再也不愿意向藏宝之地前进半步——任凭同伴如何劝说。

之后,那个富家青年得到了大量的财富,并以此为本钱经营起了最大的钱庄,救济了无数的穷人,成为了当时最受人拥护的富人;而那个自愿放弃财富的青年,不久却在饥饿和寒冷中凄惨地告别了人世。

在我们的生活中,并不乏像那个穷青年一样的男人,他们渴望拥有财富,不断地想着拥有金钱的好处,同时潜意识里又不断地浮现金钱的坏处。就如一个开车的人,一边踩着油门,一边又踩着刹车,结果可想而知,车只能停在原地。这就是大多数人不能致富的根本原因。

要想有钱,就必须树立正确的金钱观!

2.不满现状,奋发向上是赚钱的前提

安于现状,稳定少变,随遇而安,是人类根深蒂固的观念。而你要知道,安于现状是致富的大敌。“只要安稳地过一辈子就好,只要过得去就行了,不必赚太多的钱。”假如你的脑子被这种念头占据,那你一辈子都赚不了大钱。不满现状、奋发向上是赚钱发财的动力。引导你赚钱的最佳动机,应该是不愿过“单调无意义的生活”,想过“更充实更华丽的日子”。

一个能赚大钱的男人,会这样想:就是下暴雨、刮狂风,也要游到对岸去。正是这种不安于现状的想法,使许多人功成名就,换句话说,这种想法也是这些人成为富人的关键所在。

巴拉昂曾是一位媒体大亨,以推销装饰肖像画起家,他只用了10年时间就完成了从穷人到富人的蜕变,10年之后,他已跻身于法国50大富翁之列。1998年,他因前列腺癌在法国博比尼医院去世。临终前,他留下了遗嘱,把价值4.6亿法郎的股份捐献给博比尼医院,用于前列腺癌的研究;另有100万法郎作为奖金,奖给揭开贫穷之谜的人。

其遗嘱刊出之后,媒体收到了大量的信件,有的骂巴拉昂疯了,有的说是媒体为提升发行量在炒作,但是多数人还是寄来了自己的答案。

很多人认为,穷人最缺少的是金钱,这个答案占了绝大多数。有了钱就不再是穷人了,这似乎是不需要动脑筋就能想出来的答案。也有一部分人认为,穷人最缺少的是帮助和关爱。人人都喜欢关注富人和明星,对穷人总是冷嘲热讽。另一部分人认为,穷人最缺少的是技能。能迅速致富

的都是有一技之长的人,一些人之所以是穷人,就是因为学无所长。还有的人认为,穷人最缺少的是机会。一些人之所以穷,就是因为时机不对,股票疯涨前没有买进,股票暴跌后没有抛出。总之,穷人都穷在没有好运气上。另外还有一些其他的答案,比如,穷人最缺少的是漂亮,是皮尔·卡丹的外套,是总统的职位,是沙托鲁城生产的铜夜壶,等等。答案五花八门,应有尽有。

那么,正确答案是什么呢?在巴拉昂逝世周年纪念日上,他生前的律师和代理人按巴拉昂生前的交代,在公证人员的监督下打开了那只保险箱,在48561封来信中,有一位叫蒂勒的小姑娘猜中了巴拉昂的秘诀。蒂勒和巴拉昂都认为穷人最缺少的是野心,即成为富人的野心。在颁奖之日,媒体带着所有人的好奇,问年仅9岁的蒂勒,为什么能想到是野心。蒂勒说:"每次,我姐姐把她11岁的男朋友带回家时,总是警告我说不要有野心!不要有野心!我想,也许野心可以让人得到自己想得到的东西。"

巴拉昂的谜底和蒂勒的回答见报后,引起不小的震动,这种震动甚至超出了法国范围,影响扩展到了英国和美国。几位富翁在就此话题接受电台的采访时,都毫不掩饰地承认:野心是永恒的特效药,是所有奇迹的萌发点。某些人之所以贫穷,大多是因为他们有一种无可救药的弱点,即缺乏野心。

男人的一生应当是不断向上、不断寻找新目标的一生。男人应该有起码的野心,有了野心,才能够为自己不断地树立一个又一个目标,并不断地实现一个又一个目标。毫无疑问,一个具有崇高的生活目标和思想目标的人,会比一个根本没有目标的人更有作为。

有句苏格兰谚语说:"扯住金制长袍的人,或许可以得到一只金袖子。"那些志存高远的人,所取得的成就必定远远超出起点。即使目标没能完全实现,为之付出的努力本身也会让你受益终身。

3.制订明确的致富目标,是赚钱的第一步

拥有野心很重要，更重要的是知道自己所追求的目标是什么。要知道,目标永远只有一个,那就是“成功”。速度不是最重要的,在把握速度之前,首先要把握方向。方向对了,即使走得再慢,你也能到达终点。

爱因斯坦在他的《自述》中曾坦言:“数学和物理的每一个领域的研究都会牺牲我短暂的一生,可是我学会了识别那些意义非凡的目标,而把许多可望而不可即的目标舍弃,只取我这一生能够实现的。”

爱因斯坦为什么能够成为伟大的科学家?最为关键的是,他运用了具体的目标法。

巴比伦首富阿卡德只有诺马希尔一个儿子,当儿子成年后,阿卡德没有急于将财产交给他,而是送给他两样东西:一袋黄金和一块刻着“黄金五大定律”的泥板,让诺马希尔到外面去闯荡。诺马希尔遵守着泥板上的五大定律,历经磨难,不仅保住了父亲给他的一袋黄金,还在十年内多赚了两袋。

后来,这“五大定律”指引了无数人从贫穷走向富有。

下面,我们来看看创造财富的“黄金五大定律”。在此,将它们作以引述,相信对追求财富者不无裨益。

第一定律:凡把所得的十分之一或更多的黄金储存起来,用在自己和家庭之未来的人,黄金将乐意进他的家门,且快速增加。

第二定律:凡发现了以黄金为获利工具且善加利用的人,黄金将甘心

地为他工作,并且获利速度比田地的产出高出好几倍。

第三定律:凡谨慎保护黄金,且依聪明人意见好好地使用的人,黄金会乖乖地在他手里。

第四定律:在自己不熟悉的行业投资,或者在投资老手所不赞成的用途上进行投资的人,都将使黄金溜走。

第五定律:凡将黄金运用在不可能得利的方面以及听从诱人受骗的建议,或凭自己毫无经验和天真的投资概念而付出黄金的人,将使黄金一去不返。

黄金定律是我们获取财富的原则。而财富目标的选择,则需要考虑以下几个主要因素:

(1)野心

你的目标来自于你的野心,这是别人无法给你的。简单地说,你需要什么,就会产生强烈的欲望,而欲望所针对的对象就是你的目标。

(2)智慧

不管你是否承认,人与人之间在智力上存在很大的差异。这就决定了有些财富之门并不是对所有人都敞开,也不是所有人都可以迈进。

(3)兴趣

兴趣之所在,动力之所存。你的兴趣会产生源源不断的能量,使你信心百倍,精神大振。对新观点、新事物要保持灵敏头脑,随身携带一个简单的笔记本,随时记下你所发现的赚钱之道。

(4)能力

没有人是全能的,每个人都有自己的优势和劣势、长处和短处。需要注意的是,优势和劣势只是相对而言,没有绝对之分。你不可能是样样精通的全才,所以要学会与人合作,巨大的财富通常都是有妙招的人同多才多艺的智者通力合作取得的。财富属于那些能把新观点付诸实际行动的人,想要获得它,必须充分开发你的创造力。

(5)资源

资源是创造财富的资本,你能利用的资源越多,你获取财富的能力就越强,效率就越高。

(6)对环境的判断

除了个人的因素之外，外在环境对于你的财富目标的实现也有着不可忽视的影响力。识时务者为俊杰,保持对环境的敏感性和洞察力,将会使你在应变时游刃有余。学会审时度势,快速地决断能够使你占有领先的优势,有利于在经济大潮中处于不败之地。

(7)成功率

成功率较大的致富方式,必定有很多人在进行,因此投资的回报率较低;而成功率较小的方法,存在较高风险,会使一部分人望而却步,从而使投资的回报率变高。所以,要清醒地认识到,世界上绝没有万无一失的赚钱之道,要善于捕捉赚钱机会,敢于冒险。

(8)目标的可操作性

几乎所有的人都有致富的理想,但90%以上的人都没有致富的目标。所以,制定明确的致富目标是能否致富的第一步。

任何远大理想的基石都要建立在实践的基础上，都必须为此一步一步地努力。再辉煌、再宏大的理想在剥去其美丽的外衣后,也只是一些小而具体的目标,需要通过不懈的努力来达成。

飞机起飞后,需要通过导航仪器不断指明方向。你的财富目标也需要导向仪,把你从不固定的、经常移动的位置中引入正轨,向目标前进。要实现你的理想目标,必然会遇到无数的障碍、困难和痛苦,使你远离或脱离目标路线。因此,你必须对自己的目标有清醒的认识,正确估计可能会遇到的困难，把事件依重要性排出次序，依仗实力和毅力勇往直前,如此,成功将指日可待。

那么,如何才能将理想转化为目标？以下方法你可以去尝试。

第一,将自己在一定时间内(比如3个月)想做的事情以表格的形式清清楚楚地列出来,然后把太笼统或能力不可及的删除。

第二,完成之后,再重新仔细看一遍,如果有在期限内不能完成的事项,马上删除。

第三,保证留在表里的事项完成的必需条件。

第四,列表时,心中必须有明确的概念,了解自己到底追求的是什么。在一切清晰地呈现在大脑中后,依照欲望强度的大小决定各事项的先后顺序。

第五,在排序的过程中,发现最适合自己的"第一欲望"。

第六,把你的"第一欲望"清楚地写在一张纸上,把它钉在自己容易看到的地方。每天空闲的时候,就看一看自己的"欲望"目标,想象自己成功时的情景。

如此,在经过一段时间后,你就会越来越感觉到自己正在走向目标的途中。记住:要坚持积极的心态。当你感到原本单纯的愿望已经变成强烈的欲望时,你已经迈出了第一步。

当你把自己的"欲望"转化为一个个必须实现的目标时,你便会不惜一切地为之努力奋斗。

在开始行动前,你至少应该自测下面几个相关问题:

(1)你的事业,是否是你野心的延长——你期望它能给你带来多少财富?你愿意付出多少财力和时间?你会为此改变自己的生活吗?

(2)你打算卖力经营吗?你是否认为有了自己的事业,就可以有更多自由支配的时间来娱乐或和家人相聚?如果你了解几乎所有能够赚钱的事业,并且都需要投入大量的精力,你还会坚持吗?

(3)你的家人支持你吗?如果你在创业途中遭到亲人泼冷水,你会气馁吗?

(4)在3~5年内,你想达到什么样的成就?你想要的是一个能为你提供舒适生活的惬意小生意，还是一家成长迅速、有员工管理且富于挑战的公司？或者是介乎两者之间？

在周密的考虑完上述问题之后，你就可以开始着手详细计划了。

4.享受赚钱的过程，并热爱它

《犹太人的智慧》羊皮卷上记载了两个故事：

第一个故事，是关于逆境的：

齐哈撒是一个著名的商人。经过多年的辛勤劳作，他在50岁的时候成为了一个身家不菲的大富翁。但是，正当他春风得意之时，一场意想不到的灭顶之灾突然降临。齐哈撒有一笔大生意做砸了，不仅亏光了所有的钱，还为此欠下了一大笔债。他变卖了房子、田地以及家中所有值钱的东西，再加上几个朋友出资相救，才偿还了所有的债务。就在齐哈撒遭受惨变之际，他的妻子带着孩子离他而去。此时此刻，齐哈撒内心的失落可想而知，穷困潦倒的他自觉没有脸面再待在这里，便决定离开家乡。

在一个大雪纷飞的夜晚，齐哈撒拖着蹒跚的步履来到一个偏僻的村庄。可是，村里没有一个人愿意接纳他。无奈之下，齐哈撒只好漫无目的地继续向前行。最后，他终于找到了一个茅草棚，虽然破落不堪，但总算可以栖身。令他意外的是，茅草棚中竟然有一盏油灯，齐哈撒不由得长叹一声："唉，虽然找不到可以吃的东西，但是能有一盏油灯看看书，也算上帝待我不薄啊。"他走到油灯旁边，用身上仅存的一根火柴将油灯点燃，油灯点起来后,齐哈撒觉得身体也暖和了起来。就在他拿出书准备读的时候,一阵狂风冲进茅草棚,将油灯吹灭了,四周又一次陷入了黑暗之中。随着黑暗的降临,这位老人的心也跌入了谷底。

齐哈撒叹了口气,昏昏沉沉地睡了过去。第二天早上醒来,齐哈撒发现与自己相依为命的猎狗竟被人杀死在门外。抚摸着猎狗的尸体,齐哈撒悲痛欲绝,他觉得这个世界实在没有什么东西值得他留恋了,他对这个世界绝望了。

齐哈撒环顾四周,准备再看一眼这个令他痛苦的世界就永远离开。此刻,他突然发现,整个村庄一片寂静。晴朗的早晨不应该这样安静,究竟发生了什么可怕的事情?齐哈撒心想,如果这么糊里糊涂地死掉,自己一定会死不瞑目。于是,他决定去看看到底是怎么回事。

当他来到村中时,出现在眼前的竟然是一幕惨绝人寰的恐怖景象:到处都是尸体,到处是一片狼藉。昨夜到底发生了什么事情?依情形来看,恐怕这个村子昨夜遭到了匪徒的洗劫。齐哈撒猜测着,在村中找了一遍,最后发现除了自己,整个村庄竟然没有一个活口。

看到这些, 齐哈撒不禁感慨道:"这样一场大灾难让这么多村民都送了性命,而我这个想死的人竟然安然无恙,成了唯一的幸存者。难道说,就连上帝也希望我好好地活下去吗?我虽然失去了财富,失去了家人,甚至还失去了心爱的猎狗,但至少我还活着,这不正是人生最宝贵的财富吗?"他第一次感到生命的可贵,他决定坚强地生活下去。功夫不负有心人,在不懈的努力下,齐哈撒终于又一次东山再起,过上了富裕的生活。

第二个故事,是关于得失的:

拉尔斯是一个画家,他的画技很好,但却很少有人买他的画。

"玩玩足球彩票吧。"他的朋友们劝他,"只花两马克便有可能赢很多钱！”于是，拉尔斯花两马克买了一张彩票，并真的中了奖——他赚了50万马克。

“你瞧！”他的朋友都对他说，“你多走运啊！现在你还经常画画吗？”

“我现在就只画支票上的数字！”拉尔斯笑道。

拉尔斯用这笔钱买了一幢别墅，并对它进行了一番装饰。他很有品位，买了许多好东西：阿富汗地毯、维也纳橱柜、佛罗伦萨小桌、迈森瓷器，还有古老的威尼斯吊灯。看着这些，拉尔斯很满足地坐了下来，点燃一支香烟，静静地享受属于他的幸福。

突然，他感到好孤单，便想去看看朋友。他把烟往地上一扔——在原来那个没有地毯的画室里，他经常这样做，然后就出去了。燃烧着的香烟躺在地上，躺在华丽的阿富汗地毯上……

一个小时以后，别墅变成了一片火海。朋友们很快就知道了这个消息，他们都来安慰拉尔斯：“拉尔斯，真是不幸呀！”

“怎么不幸了？”他问。

“损失呀！拉尔斯，你现在什么都没有了。”

“什么呀？不过是损失了两个马克。”

“享受赚钱的过程，并热爱它。”这是很多富人从小的一个理念。他们认为，虽然钱是可以生钱的，但世界上的钱是永远也赚不完的。正是因为有这种心态，所以他们能够享受赚钱的过程，而不是提心吊胆、担惊受怕。也正是因为这种心态，他们才能够得到财富。

男人在赚钱的过程中，必须学习成功人士的这种理念，因为每个人都会面对各种各样的困难，如果你选择了乐观，你至少还有一半的成功机会；但是你一旦选择了悲观，自暴自弃下去，那就永远没有翻身的机会，更别提享受赚钱的乐趣了！

5.薪水永远赶不上投资所产生的巨大财富

仅专注工作，而不关注如何进行经济投资的人，会失去许多致富机会,从而使自己陷入困境。从事还是不从事投资理财,是最终拉开上班族贫富差距的主要原因。

张三和李四是同一个单位的同事,在1993年同时参加工作。从参加工作的那一天起,张三就立志要在单位里出人头地,所以他对待工作全心全意,工作之外的事,他基本上不过问,连结婚也比别人迟。2005年,张三终于达到了自己的目标:成功地当上了科长。当上科长后,他每月的工资增加了180元。

但李四却不一样,他知道只努力工作是不够的,对积累财富也没有太大的帮助。因此,从参加工作开始,李四的脑子里就充满了投资意识。例如,在刚毕业的1993年年底,他拿出3000元的年终奖,和几个人凑足5万元,投资一个乡村小水电站,当年拿的分红就有1200元,相当于他当时3个月的工资。李四意识到这是一个很好的投资项目,便又将每年的分红转成投资本金,加大对该水电站的投资。

2003年,水电站投资盛行,该水电站被人高价收购后改建成中型水电站,此时,李四拿到了8.6万元的投资本金和收益。2003年年末,李四嗅到了房产投资的巨大机会,他利用2个周末时间,考察了2个楼盘,拿出投资水电站的收益,凑足了9万元,订购了3套商品房。结果,这2个楼盘竣工后销售形势极好。李四转让了2套商品房的预售号码，凭此取得了5万元的收益;另外一套商品房,他留到了2006年8月出售,赚了30万元。2006年,绝佳的基金投资机会和股市投资机会又让一边工作一边搞投资的李四大赚了一笔。目前，他已经住着别墅、开着小车，基本上不用为钱发愁了。

但当了科长的张三，此时还挤着公交车，过着仅靠工资收入精打细算的生活。更糟的是，他原本想通过晋升来获取更多工资收入的希望越来越渺茫了。因为工作到一定年限，他的事业发展面临瓶颈；而在新的潮流趋势下，他的竞争力已下降，职场的生命周期不断地接近尾声。张三如今真正感觉到了为钱工作的危机，也深刻地体会了一句话："没有一本万利的职业。"

洛克菲勒曾说过："只知道努力工作的人，失去了赚钱的时间。"

所以，上班族要抛弃"为钱工作""以时间换钱"的陈旧观念，重新审视和组合工作与财富两者之间的关系，在工作赚取薪水的同时，千万别忘记利用业余时间投资致富。要知道，在许多情况下，薪水还不如业余收入多。我们提倡努力工作，但我们也要直面现实：努力工作也许是迈进富人圈的途径之一，但并不是只要努力工作就能成为富人。

在我们身边，有许多在自己岗位上倾注了毕生心血的人，他们的生活却并不怎么宽裕。他们中的一些人在用退休金还债；一些人连生病住院自付部分的钱都没有着落；还有一些人只能依靠左邻右舍的施舍过日子……原因就在于他们只知道用心工作，却不知道如何高效地利用自己挣来的钱去挣钱；一旦退休，停止用"时间换钱"的行为，收入就会直线下降，自然不能过上富裕的生活。

只努力工作，是在用时间换钱，所赚的钱永远都有一个极限，因为人的工作时间是有限的。

6.财富的“载体”就是时间

现实生活中,绝大部分人理解的财富是以“实物”存在的,比如房子、钞票、车子、金银首饰等,但他们没有理解这些财富之所以有价值的核心原因,也没有去探寻财富“载体”的含义,这就必然导致在这个世界上,富人总是极少数。

财富的“载体”就是时间。一切善于投资的成功人士都是那些时间观念强、善于运用时间、做好计划安排的人。他们绝不会在不能给自己带来好处的人和事上浪费一分一秒,他们总是清楚自己下一步要做什么。

荣恩是一家小书店的店主,他是一个十分爱惜时间的人。

一次,一位客人在他的书店里选书,逗留了一个小时,才指着一本书问店员:“这本书多少钱?”

店员看看书的标价说:“1美元。”

“什么?这么一本薄薄的小册子,要1美元。”那个客人惊呼起来,“能不能便宜一点?打个折吧。”

“对不起,先生,这本书就要1美元,没办法再打折了。”店员回答。

那个客人拿着书爱不释手,可还是觉得书太贵,于是问道:“请问荣恩先生在店里吗?”

“在,他在后面的办公室里忙着呢,你有什么事吗?”店员奇怪地看着那个客人。

客人说:“我想见一见荣恩先生。”

在客人的坚持下,店员只好把荣恩先生叫了出来。那位客人再次问:

“请问荣恩先生，这本书的最低价格是多少钱？”

“1.5美元。”荣恩先生斩钉截铁地回答。

“什么？1.5美元！我没有听错吧，可是刚才你的店员明明说是1美元。”客人诧异地问道。

“没错，先生，刚才是1美元，但是你耽误了我的时间，这个损失远远大于1美元。”荣恩毫不犹豫地说。

客人很是后悔。为了尽快结束这场谈话，他再次问道：“好吧，那么你现在最后一次告诉我这本书的最低价格吧。”

“2美元。”荣恩面不改色地回答。

“天哪！你这是做的什么生意，刚才你明明说是1.5美元。”

“是的，”荣恩依旧保持着冷静的表情，“刚才你耽误了我一点时间，而现在你耽误了我更多的时间。因此，我被耽误的工作价值也在增加，远远不止2美元。”

那位客人再也说不出话来，他默默地拿出钱放在柜台上，拿起书离开了书店。

荣恩先生既做成了这本书的买卖，又给那位客人上了一课，那就是“时间财富”。一个人的成就取决于他的行动，而一个人的行动和他支配时间的能力是成正比的。如同巴尔扎克所说：“时间是人所拥有的全部财富，因为任何财富都是时间与行动化合之后的成果。”

你应该反思一下，你每天努力的事情究竟有多么大的意义？

一个销售员从早上开始工作时就打开客户记录，但他整个上午都没有打出去一个电话。尽管按照工作安排，他应该在上午给十个客户打回访电话，然而，整个上午他都在翻阅资料、收集信息，中间上过几次厕所，喝过几次水，和同事聊天，也打过几通电话，不过那些电话都是鸡毛蒜皮的小事。很快就到了午饭时间，他决定把给客户打电话的工作挪到下午去做，即便他知道会议和制作提案已经占满了整个下午的工作日程。快下班的时候，他忙着整理会议记录，上交当日的工作报表，等做完这些，办公室的同事已经收拾东西准备下班了。在最后关上电脑准备离开办公室的那一刻，该打给客户的电话依然没有打，因为已经“没有时间”了——他要下班了，那些工作可以留给明天。

富人可能一天用12个小时甚至16个小时创造财富，而穷人看上去每天上班8小时，实际上只有4小时或更少的时间在创造价值。所以，提高自己的工作效率，让时间转变为财富，而不是在碌碌无为中消磨，那么你与富人的距离或许会缩小很多。

7.真正的“谋财”者，无一不是善于挖掘自身潜能的人

即使是再平凡的人，在他的内心深处也埋藏着巨大的潜能。真正的“谋财”者，无一不是善于挖掘自身潜能的人。

前日本首富孙正义两三岁的时候，他的父亲一再告诉他：“你是天才，你长大以后会成为日本首屈一指的企业家。”

在孙正义6岁的时候，他就这样跟别人做自我介绍：“你好，我是孙正义，我长大以后会成为日本排名第一的企业家。”孙正义每一次自我介绍都会加上这一句话，直到他后来真的成为日本首富。

孙正义给自己制定了个人蓝图:

19岁规划人生50年蓝图!

30岁以前,要成就自己的事业,光宗耀祖!

40岁以前,要拥有至少1000亿日元的资产!

50岁之前,要做出一番惊天动地的伟业!

60岁之前,事业成功!

70岁之前,把事业交给下一任接班人!

他是这么规划的,也一一实施了这些规划。

这并不是"魔法",你肯定不能仅仅通过幻想就得到物质财富、实现个人理想,你还需要实际的行动。但在付出同样努力的情况下,如果你善于关注,那么实现你理想的可能性就会增大。

有位记者在乡下遇到了一位正在山坡放羊的少年, 于是有了下面的对话:

记者:为什么要放羊?

放羊娃:放羊为了卖钱。

记者:为什么要卖钱?

放羊娃:卖钱为了娶媳妇。

记者:为什么要娶媳妇?

放羊娃:娶媳妇为了生个娃。

记者:为什么要生个娃?

放羊娃:生个娃以后好接着放羊啊!

也许听完这个故事,大家都会会心一笑,笑这个孩子和他的下一代都在周而复始地过着一样的生活,没有大志向,也没有改变自己生活的想法。

从这个角度来说,由于他生活在条件艰苦、信息闭塞的环境里,他所关注的内容主要是放羊,而他的关注则会使这成为现实,从而让生活坠入这样一个循环之中。他基本上不会有成为篮球明星去NBA打球的想法,更不会有成为电脑专家去研发芯片的理想,因为他每天关注的都是哪里草多好放羊,哪天天气不好要去割草。

这个故事从反面说明,你所关注的事情,在很大程度上会变成现实。

如果没有人介入,放羊娃也许会继续过着他所说的理想中的生活:放羊—卖钱—娶媳妇—生娃—让娃接着放羊。他的这种想法很容易实现,而且也很容易坠入一个循环。但是如果这位记者告诉他,山的外边不再是山,还有更多梦想,那么这个孩子就可能变成另外一个他想变成的人,过上他所希望的另外一种生活。

一项调查显示,在阅读一本书时,正常人的阅读速度为30~40页每小时,而潜能得到激发的人却能达到300页每小时;而即使在人兴奋时,也只有10%~15%的细胞在工作。由此可见,人类社会的进步还有待于对潜能的进一步激发。

小时候与同龄人、同学和朋友在同样的环境条件与教育背景下成长,但许多年以后,你发现你还有令自己都感觉到吃惊的技能,于是暗暗告诫自己,原来全力以赴地做下去,可以做得更优秀。

李明近一年内从一个普通员工升到了公司部门经理，工资更是翻了几倍。

李明是一个性格比较软弱的人,他虽然能力不错,但因不善表达,所以一直得不到上级的赏识。5年来,他在企业里一直默默无闻,忍受着低薪的痛苦,这一状况与他自身很强的管理能力和领导才能形成了鲜明的对比。为了改变现状,他决定抓住一切时机将自己的潜能发挥出来。

为了有机会在老总面前展示自己的才干，他打听到了老总上下班的时间，算好他大概会在何时进电梯，就也在这个时候去坐电梯，希望能遇到老总，有机会可以打个招呼。不仅如此，他还详细了解了一番老总的奋斗历程，弄清了老总毕业的学校、处世风格、关心的问题等，并精心设计了几句简单却有分量的开场白。经过一系列努力，李明终于抓住机会与老总进行了一次长谈，不久就争取到了部门经理的职位，薪水也涨了几倍。

“当一件事‘不得不做’时，我们往往能够做得非常好，但很少有人会逼我们做什么，所以很多人就放任了自己。一个人真正的潜能只有在你的自控力和行动力足够强的时候，才能真正发挥出来，而自控力和行动力都是可以训练的。”李明说。

许多时候，我们都会听到有人抱怨“人才被埋没了”，但事实却是那个所谓的人才缺乏信心和勇气，安于现状，不思进取，自我埋没！

许多情况下，你需要给自己一点意外的和足够的刺激，适当的时候给自己某些特殊的有益暗示，让自己对事业多一份信心，多一点勇气，多一些胆略和毅力，从而有希望使自己的潜能从休眠状态下苏醒，发挥无穷的力量，创造成功。

当然，发挥潜力，需要抓住机遇，当机立断；需要有的放矢，躬身实践。这时候，你会发现令你开心的事不在别处，就在自己身上。你可以永远和乐观相伴，尽管危机和挑战随时都会来临，但是你总有能力使自己生活得顺风顺水。

美国的笛福森，45岁以前一直是一个默默无闻的银行小职员。周围的人都认为他是一个毫无创造才能的庸人，连他自己也看不起自己。然而，在他45岁生日那天，他读报时受到报上登载故事的刺激，立下大志，决心成为大企业家。从此,他前后判若两人,以前所未有的自信和顽强毅力,破除无所作为的思想,潜心研究企业管理,终于成为了一个颇有名望的大企业家。

渴望财富,就应该把自己的关注点集中在如何获取财富上,心中要坚信自己总有一天会成为富翁,并积极地向着这个方向迈进;如果你整天想为什么自己会这么贫穷,将注意力一直集中在贫穷而非致富上,那么你就永远都摆脱不了贫穷。

8.富人的字典里没有“不可能”

“在我的字典里,没有‘不可能’的字眼。”

美国著名的成功学家拿破仑·希尔,年轻的时候想当作家。他知道,要达到这个目标,必须精于遣词造句,字词将是他的工具。当时他家里很穷,不可能接受完整的教育,因此,很多朋友好心劝他,放弃“不可能”实现的事情。

年轻的希尔存钱买了一本最好、最全、最漂亮的字典,但是他首先做了一件奇特的事——找到“不可能”这个词,用小剪刀把它剪下来,然后丢掉。于是,他有了一本没有“不可能”的字典。他告诉自己,没有任何事情是不可能的。

在富人的致富宝典中,从来没有“不可能”这个词。他们在谈话中不提它,在脑海里排除它,在态度中抛弃它,不为它提供理由,不为它寻找借口,把这个词永远地抹杀,并用光辉灿烂的“可能”来替代它。

古时候,有个人因冒犯皇帝被判了死刑。行刑前,他向皇帝保证,他可以在一年内教会御马在天上飞。皇帝将信将疑,囚犯被恩准缓刑——如果不成功,他将被以更加残酷的刑法处死。结果,还没到一年,国家因发生暴乱,囚犯乘机越狱逃走了。

囚犯聪明地使用了“缓兵之计”。马在天上飞,谁都知道这是不可能的;一个被判死刑的囚犯,谁会想到他还能活下来?可是,他却炮制了一个“不可能”,加之运气,挽救了另一个“不可能”,由此看来,在任何“不可能”面前,我们都应该积极地去想、去做,与其坐以待毙,不如努力地寻找出路。

从古至今,人们不断地创造着一个又一个奇迹。看过下面这个传说之后,你就会明白,只有相信奇迹的人,才能创造奇迹。

在埃及著名的塞贝多沙漠里, 在方圆150平方千米的不毛之地中,终年酷热无雨的一片漠漠灰沙间,一株繁茂大树巍然屹立,特别引人注目。这棵阿拉伯语叫作巴旦杏的树,树高不过一丈,树干可容两人合抱,据说树龄已经有1600多年了。

公元346年以前,一个名叫小约哈尼的青年决心皈依伊斯兰教。为了考验他的决心, 一位叫阿帕·阿毛的圣者把一杆巴旦杏树枝制成的手杖插在塞贝多沙漠里,他对小约哈尼说:“你要一直浇水,直到这树扎下根,结了果为止。”

巴旦杏树生命力极强,随处都能扦插成活,但沙漠中最缺的就是水。圣者插下手杖的地点,离最近的水井也有一天路程。而且,井里的水简直就是涓滴细流,想把水缸装满,需要整整一夜的时间。

这是一件艰苦卓绝的工作,成功的概率几乎为零。然而,小约哈尼并没有放弃,他不分昼夜地挑水,连续3年从未间断,以超越人们想象的毅力坚持了下来——只要停顿一天,那棵树立即就会被烈日的毒焰烧死,所做的一切都会前功尽弃。

坚忍不拔的努力能把不可能变成现实。在汗水与井水的浇灌下,巴旦杏手杖扎下根、抽出芽、绽开叶、开了花,最后还结了果。

小约哈尼种巴旦杏树的奇迹,代代相传,延续不绝。直到今天,附近寺院里的继承者们,仍和小约哈尼一样,矢志不移地为那棵古老的树运水、浇灌!

有些事情人们之所以不去做,就是因为他们认为不可能实现。而许多不可能,只存在于人的想象之中。

世间的事非常奇怪,越是人们认为不可能的,做起来越顺畅;相反,如果人们都认为一定能成功的事,做起来反而磕磕碰碰。

1485年5月,为了实现自己的航行计划,哥伦布亲自到西班牙去游说:"我从这儿向西也能到达东方,只要你们拿出钱来资助我。"当时,没有人相信他的话,因为当时的人们认为,从西班牙向西航行,不出500海里,就会掉进无尽的深渊。至于说到达富庶的东方,那是绝对不可能的。结果,哥伦布的成功反驳了那些人的观点。

炒股票追求长远,才能获得丰厚的收益。1973年,全世界没有一个人认为,曼图阿农场的股票能够复苏;相反,有的甚至认为,曼图阿不出3个月就会宣告破产。然而,巴菲特不这样看,他认为,越是在人们对某一股票失去信心的时候,这只股票越可能是一处大金矿。当时,他果断地以15

美分的价格买入一百万股。果然不到5年，他就赚了470万美元。

越是大多数人认为“不可能”的事，就越有“可能”做到。细细想来，这话的确很有道理。看似“不可能”的事，肯定是件十分困难甚至难以想象的事。因为太难，所以畏惧；因为畏惧，所以根本无人问津，谁也不去关注，谁也不去攻击，谁也不去设防。因此，不可能实现的事，通常都没有竞争对手，第一个去尝试的人正好可以“乘虚而入”。可以说，世界上许多真正的大富翁，都是在别人认为不可能的情况下赚下了第一桶金。

在追求财富的路途中，只要你仔细观察周围的一草一木，善于思考人的一举一动，分析事情的前因后果，无数的灵感和启示就会源源不断地闯入你的大脑，“不可能”就会被无数的“可能”一扫而光。

/第二章/

思路决定财路

——学会像个亿万富翁一样思考

1.世界上不存在困难，只存在暂时还没想到的方法

在激烈的市场竞争中杀出一条成功之路，对于很多人来说，其中的残酷与艰难足以令人望而却步，但是打破常规、不走寻常路则可以令你事半功倍。

美国缅因州有对夫妇，拥有一座建于19世纪的老式旅馆，因为不打算以经营旅馆作为家庭主业，他们决定出售这家旅馆。因为经济正处于大萧条时

期,房地产业很不景气,所以这座旅馆很不好卖,广告打出好长时间了也无人问津,连询问的电话也没有几个。夫妇二人为此事愁眉不展,烦恼不已。

有一天夜晚,夫妇二人又在灯下筹划着如何才能把这座小旅馆尽快脱手。他们左思右想,终于想出了一个"100美元廉让"的绝招。

第二天,他们夫妇就在一家报纸上刊登了这样一则广告:举办征文比赛,要求参赛者撰写一篇250字的短文,文章的开头必须有"我希望拥有像森特拉弗里这样的旅馆"的字句,下面的内容则由作者自由发挥。评审的标准是:不必妙笔生花,但须情真意切。本次征文比赛只设冠军一名,奖品便是这间"森特拉弗里"旅馆。

附带的条件是每位参赛者必须同时寄上100美元的参赛评审费,落选者恕不退还。

100美元并不多,而250字的短文大家也都会写,因此,广告一登出,便引发了人们的好奇,市民们议论纷纷,参赛者纷至沓来,报名截止时竟有8000多人参赛。

夫妇二人没想到参赛者如此众多,乐得合不拢嘴。根据当地的法律规定,赛事的收益不得超过50万美元,他们只选择了前五千位报名者参加比赛。最终,这对夫妇不仅"卖"掉了小旅馆,而且收益颇丰。

一个小小的改变,一个新的思路,往往会得到意想不到的效果。

如果你想要开拓财路,不光要具备审时度势的头脑与眼光,还要能及时打破思维限制,更新思路,在思想上创新。

委内瑞拉人拉菲尔·杜德拉正是凭借这种灵活变通而发迹的。在不到20年的时间里,他就建立了投资额达10亿美元的事业。

20世纪60年代中期,杜德拉在委内瑞拉的首都拥有一家很小的玻璃制造公司。他并不满足于干这个行当,他学过石油工程,认为石油才是赚大钱和更能施展自己才干的行业，一心想跻身于石油界。

有一天，他从朋友那里得到一个信息，说是阿根廷打算从国际市场上采购价值2000万美元的丁烷气。得此信息，他认为跻身石油界的良机已到，于是立即前往阿根廷，想争取到这笔生意。

去了之后，他才知道早已有英国石油公司和壳牌石油公司两个老牌大企业在当地频繁活动。这是两家十分难以对付的竞争对手，更何况自己对石油业并不熟悉，资本又不雄厚，要做成这笔生意难度很大，但他并没有就此放弃，而是决定采取变通的迂回战术。

一天，他从一个朋友处了解到阿根廷的牛肉过剩，急于找门路出口外销。他灵机一动，跑去找阿根廷政府。当时他虽然还没有掌握丁烷气，但他确信自己能够弄到，他对阿根廷政府说："如果你们购买我2000万美元的丁烷气，我便买你2000万美元的牛肉。"当时，阿根廷政府想把牛肉赶紧推销出去，便把购买丁烷气的投标给了杜德拉。

将投标争取到后，他随即飞往西班牙。当时西班牙有一家大船厂，由于缺少订货而濒临倒闭。西班牙政府对这家船厂的命运十分关切，想挽救这家船厂。

这则消息对杜德拉来说又是一个可以把握的好机会。他去找西班牙政府商谈，说："假如你们向我买2000万美元的牛肉，我便向你们的船厂订制一艘价值2000万美元的超级油轮。"

西班牙政府官员对此求之不得，当即拍板成交。杜德拉马上通过西班牙驻阿根廷使馆，与阿根廷政府联络，请阿根廷政府将杜德拉所订购的2000万美元的牛肉，直接运到西班牙来。

杜德拉把2000万美元的牛肉转销出去之后，来到了美国费城，找到太阳石油公司，说："如果你们能出2000万美元租用我这艘油轮，我就向你们购买2000万美元的丁烷气。"

太阳石油公司接受了杜德拉的建议。

这笔订单的成交,让杜德拉成功打进了石油业,实现了跻身石油界的愿望。经过苦心经营,他也终于成为了委内瑞拉石油界的巨子。

绝大多数人一遇到困难，还未曾仔细思量这个困难的程度到底有多大,就预先在自己心底设下了栅栏。一旦栅栏放下,再想跨越就不是那么简单的事了。而在遇到阻碍时,只要能找出问题真正的关键所在,你就可以征服它。

日本知名企业家通口俊夫领导的企业是医药界的“巨头”,分店遍布全国。然而,在刚刚开始经营时,他也曾遭遇严重的瓶颈。创业初期,他沿着铁路沿线开了3家店,但生意却非常差。这一天,他垂头丧气地从店中出来,坐上火车回家。“怎么办呢？店里的生意这么差,就快要撑不下去了！”通口先生心里嘀咕着。

坐在前排的几个小学生的嬉笑声打断了他的懊恼。他抬起眼来往前看了一看,目光被一个孩子手上挥舞的三角板给吸引住了。“是了,我的三家店位于同一条直线上,所以有效客源无法集中,应该要呈三角鼎立,如此二点连线起来,就能确保中间的客源了。”

不久,他关闭了两家店,另外开了两家新店,三家店鼎足而立。果然,这种改变很快就收到了成果,业绩直线上升。后来,通口先生用这种三角经营法陆续地开了上千家分店,成了全国知名的企业。

美国一位著名的商业人士在总结自己的成功经验时说：他的成功就在于他善于变通,能根据不同的困难采取不同的方法,最终克服困难。对于善于变通的人来说,世界上不存在解决不了的困难,只有暂时还没想到的方法!

2.积累知识比积累财富更重要

积累知识比积累财富更重要,它能使一个人从博学中领悟智慧,能帮助一个人从黑暗走向光明。

一次,很多富翁乘一艘大船出海旅游,酒足饭饱之后,他们各自吹嘘自己如何富有,一个比一个说得离谱。一位读书人在一边听他们争论,默不作声。

一位富翁问那个读书人:"年轻人,你有什么财富?快对大家说说!"

读书人微笑着说:"我比你们都富有,只是现在我无法拿给你们看……"

富翁们觉得他就是一个穷光蛋,这么说只不过是在自我吹嘘。

几天后,游船遇到了一伙海盗,富翁们随身携带的金银财宝被洗劫一空。

大船继续向前驶抵一个港口后,实在没有资金再向前航行了。富翁们上岸后,困窘得只能靠给人做苦力来填饱肚子,可读书人很快就被聘到学校去教书,生活自然比富翁们好多了。

几年后,读书人有了一定的积蓄,又娶了漂亮的妻子;而当年自吹自擂的几位富翁,却沦为了真正的穷光蛋。他们若有所悟地对年轻人说:"小伙子,你所拥有的才是真正的财富,把知识藏在肚子里,什么时候需要用都有,也不会遭到海盗的劫持。"

人人都希望拥有财富,很多人去学习知识的目的就是想获取财富。

财富可以天生拥有,而知识却要通过艰苦的学习才能获得;知识有可能转化成财富,而财富却无法买到知识;财富可能一夜之间消失,知识却可以让自己受用一生;财富会贬值,而知识却会越来越有价值。所以,人们常说“知识就是财富”,却从未听说“财富就是知识”的说法。聪明的人会用金钱学习知识,然后再用知识获取财富。

有人喜欢聚敛钱财,对于他们来说,知识只是获取钱财的一个手段。但这些身外之物,往往会随着时间和境遇而来去空空,唯有知识的积累,才是实在而永久的。

忙着聚敛财富的人,当他们获得一定的财富后,就很少会再去想收集知识。因为按照他们的思维模式,读书的目的就是为了获得更多的财富,既然目的已经达到了,再去积累知识又有何用?但他们忘记了,那些学识渊博、经验丰富的人,比那些庸庸碌碌、不学无术的人,成功的机会更大。

许多天赋很高的人,之所以终生处在平庸的职位上,就是因为他们不思进取,宁愿把业余时间消磨在娱乐场所或闲聊中,也不愿意看书学习。其实,对于一个初入社会的青年来说,随时随处都有知识可以积累。对于一切接触到的事物,都要细心观察、研究,要牢牢记住,积累知识比积累金钱更要紧。如此,你所获得的内在财富就能比有限的薪水高出数倍。

3.重视万分之一的机会

每一件小事都蕴藏了无数的机会,只要你用心去观察,并且行动起来。在你看来也许微不足道的小事,于有心人而言,或许就是难得的机遇。

有一次,约翰·甘布士要坐火车去纽约,但事先没有订好票,这时恰逢圣诞前夕,赶到纽约去度假的人非常多,车票早已售完。甘布士看到这幅情景并不泄气,仍旧提着行李,赶到车站,目的是等待有人退票。

甘布士在车站售票处等了很久,一直不见有人来退票。尽管乘客们已经开始陆续上车,但甘布士仍没有离开那里。有没有人退票,他并没有把握,但心里总存着一线希望。

到了距开车时间仅剩5分钟时, 一个女人匆匆忙忙地赶到售票处,因为她的女儿突然发病,她不能乘这班列车,就这样,甘布士终于如愿以偿地得到了前往纽约的火车票。

他抵达纽约之后,高兴地打电话给妻子,对她说:“亲爱的,我抓住了那万分之一的机会,因为我相信,只有不怕希望落空的人才能实现自己的愿望。”

不久,达维尔地方面临前所未有的经济萧条,不少工厂和商店纷纷倒闭,他们被迫低价抛售自己堆积如山的存货,价钱甚至低到了用一美元可以买一百双袜子的程度。那时,甘布士还只是一家制造厂的小技师。当他察看了市场以后,便决定将自己的积蓄用来收购低价货物。大部分人都嘲笑他说,这样做简直蠢透了,一定会亏本。

甘布士并不理会别人的冷嘲热讽,照样收购那些被抛向市场的货物。他还租了一个很大的货仓,用来存放他贱价收购来的大量货物。

又过了十多天,有些工厂连将产品削价抛售都找不到买主了,便把所有的存货搬出来用火烧毁,借此稳定市场的物价。

他的妻子看到别人在烧毁货物,心里十分焦急,忍不住抱怨丈夫不该这样浪费钱财。

甘布士对妻子的抱怨保持沉默。

不久,美国政府采取紧急行动,稳定住了达维尔地区的物价,随后又采取各种措施援助当地的厂商复业。

这时，由于达维尔地区焚烧的货物过多，存货几乎殆尽，物价一天天飞涨。甘布士意识到自己发财的机会到了，他立即把库存的大量货物抛售出去。这使他赚了一大笔钱，也使市场物价得到了稳定。

就在他大量抛售货物时，他的妻子又来劝告他，不要这样急着把货物卖出去，因为市场物价还在上涨。他对妻子说："现在该是抛售的时候了，再拖延一段时间，我们就会少赚很多钱。"

果然，甘布士的存货刚刚售完，物价就跌了下来。从此，妻子对他的胆识和驾驭机会的能力信服不已。

后来，甘布士决定不再在制造厂做技师，而选择在商海中创业，迎浪搏击，实现自己有价值的人生。

他用之前赚来的钱开设了5家百货商店。由于他有胆有识，知道审时度势，加上经营得法，生意越做越兴旺，甘布士也由此一跃成为美国举足轻重的商业巨子。

于是，他在一封给青年的公开信中这样写道："亲爱的朋友，我认为你们应该重视那万分之一的机会，因为如果你抓住了它，就将有可能给你带来意想不到的成功。有人会说，这种做法是愚蠢人的行为，比买奖券的希望还渺茫。但是，我认为这种观点有失偏颇，因为，奖券是由别人操控的，你丝毫没有主观努力的条件；但这万分之一的机会却完全是靠你自己的主观努力去完成的。"

很多传统观念和做法都是前人的经验总结和智慧积累，值得后人继承、珍视和借鉴，但也不能不注意和警惕：它们有可能妨碍和束缚我们的创新思维。

日本的东芝电器公司在1952年前后曾一度积压了大量卖不出去的电

扇。7万多名职工为了打开销路,费尽心机,但依然进展不大。

有一天,一个小职员向公司领导人提出了改变电扇颜色的建议。当时全世界的电扇都是黑色的,东芝公司生产的电扇也不例外。这个小职员建议把黑色改为浅蓝色,这一建议引起了公司领导人的重视。经过研究,公司采纳了这个建议。第二年夏天,东芝公司推出了一批浅蓝色电扇,大受顾客欢迎,在市场上还掀起了一阵抢购热潮,几个月之内就卖出了几十万台。

只是改变了一下颜色这个小细节,就开发出了一种面貌一新、大为畅销的新产品,使整个公司得以渡过难关。这一设想,其经济效益和社会效益何等巨大!而提出这一设想,既不需要渊博的科学知识,也不需要有丰富的商业经验,为什么东芝公司其他的几万名职工就没人想到,没人提出来呢?为什么日本以及其他国家的成千上万的电器公司,在以往长达几十年的时间里,竟都没人想到,没人提出来呢?

这主要是因为,自有电扇以来,它的颜色就是黑色的。虽然谁也没有做过这样的规定,但它在漫长的生产过程中已逐渐形成一种惯例、一种传统,似乎电扇就只能是黑色的,不是黑色的就不是电扇。这样的惯例、传统反映在人们的头脑中,便成为了一种源远流长、根深蒂固的思维定式,严重地阻碍和束缚了人们在电扇设计和制造上的创新思考。

4.要优秀，就要比别人跑得快

在很多时候，我们会这样想：我已经在努力改进了，也取得了不小的进步，可以放松一下了。自己与自己的过去比，是完全应该和必要的，我们应该看到自己的进步，坚定自己前行的信心。但是请别忘了，还要抬头看看四周：别人干得怎么样？是否跑得比我快？有没有值得我学习的地方？

在我国广袤的沙漠上，生长着一种普通的植物——梭梭。它们被誉为"沙漠梅花"和"沙漠卫士"，是我国荒漠区最重要的植被类型，也是亚洲荒漠区分布面积最大的一类植被。

众所周知，沙漠地区环境十分恶劣，要想立足其中，困难自然不小。但是，梭梭树做到了。作为灌木植物，它们一般只有三四米高，外形也不出众，但是梭梭树丛顽强挺立，迎风顶沙，给沙漠带来了生机和活力，成为沙漠独特的景观，也成了戈壁沙漠最优良的防风固沙植被类型之一。

当然，被称为"沙漠植被之王"的梭梭，它的成功并非侥幸得来。它们成功的秘诀就在于速度，无与伦比的速度。专家经过研究发现，梭梭的种子是世界上发芽时间最短的种子，只要遇上雨水，在短短两三个小时之内，它们就能萌发新的生命。

相比之下，即使是发芽时间比较快的稻谷、花生等农作物，也需要三四天的时间；椰树的种子发芽则要两年多。而面对干旱异常的天气，面对恶劣的自然环境，梭梭的种子从来不观望，不犹豫，不拖泥带水，只要雨水一来，它们就在几小时内迅速生根发芽，快速地生长繁殖，蔓延成片。

这样快捷的速度，不能不让人吃惊。

其实，细想一想，我们追求成功又何尝不应当如此呢？可以说，对于生活，对于人生，每个人都有许多想法，但由于迟迟没有付诸行动，结果多少光阴过去，想法却一直停留在计划中。有朝一日，你会忽然发现，自己因为缺乏当机立断的决心而与成功擦肩而过。

记住，没有人会为你等待，没有机遇会为你停留，成功也需要速度。古人云："激水之疾，至于漂石者，势也。"速度决定了石头能否在水上漂起来。同样，要想获得成功，就要赋予人生足够的速度。这是成功者的姿态，也是胜利者的姿态。

在职场，速度决定一切。观察一下你的周围，你就会发现，那些能干的人身上都有一个共同点，那就是动作迅速。

当然，他们是在把握和判断好了先后次序之后才开始处理那些事务的，所以看上去是那么迅速。但是不管怎么说，工作过程中存在着某种令人舒心的节奏，这种节奏感会让人觉得自己是那么身手敏捷，并为自己的高效率感到骄傲。

人在职场，从某种程度而言，急性子的人更容易出人头地。

当你的上司吩咐你做一项工作的时候，一定会告诉你一个截止的时间："在XX号之前完成。"如果没有这样告诉你，那是上司忘记说了，你要自己主动确认。

这里要奉劝一句：一定要赶在截止日期之前提前完成，哪怕只是提前一天也好。与其遵守时日，追求完美，不如提前迅速完成。因为尽快提交给上司，得到上司的意见比达到你自以为的完美更加重要。

此时，你和上司之间的关系，便像是与客户的关系。也就是说，上司就是你的顾主。对方是不是满意？如果不满意，有哪些地方需要修改？认真理解这些之后，再按照对方的意思进行调整。记住，即便算上这些修改的时间,也不要把工作拖到快要到规定时间的时候。

如果拖到规定的时间才提交，会给上司留下这样一个印象:“他怎么还没有交上来？”但如果提前一两天提交,就会得到上司具体的指示:“这里和这里,我有些不满意。”然后只要更正一下被指出来的部分就可以了。这时,你在上司眼中的印象就会是:“这人做事很快！”

这就是商业社会的价值观。跟那些慢慢调查客户、咨询意见之后再作回答的人相比,四处奔走、时刻牢记快速反应的人则要更胜一筹。

生存、发展的机会可能只有有限的几个，却往往会有一大群人去拼抢,在这个时候,只尽力是不够的。要优秀,就要比别人跑得快！只要觉得好,就立刻付诸行动,这就是果决精干,这一点至关重要。

两个人一起去山里游玩,正当他们兴致勃勃地欣赏山中的美景时,突然发现一只熊正在离他们不远的地方盯着他们。

两个人都十分害怕,因为他们手无寸铁,根本不可能与熊搏斗并将其打死。

此时,其中一人在短暂的害怕之后,稍微镇定了一下,迅速弯腰下去把鞋带系好,做好逃跑的准备。

另一个人对他说:“你这样是没有用的,你不可能跑得比熊快。”

那个准备跑的人回答说:“我不需要跑得比熊快，我只要跑得比你快就够了。”

在这里,我们姑且不去谈论道义上的问题,只需要记得:当面临别无选择的囚徒困境时,我们只有力争比对手跑得快,才可能让自己获得最好的处境！

5.善于借助外力，才能赚大钱

“吾尝终日而思矣，不如须臾之所学也；吾尝跂而望矣，不如登高之博见也。登高而招，臂非加长也，而见者远；顺风而呼，声非加疾也，而闻者彰。假舆马者，非利足也，而致千里；假舟楫者，非能水也，而绝江河。君子生非异也，善假于物也。”这是荀子《劝学》中的经典言论。

这段话说明若一个人只知埋头苦干、自己奋斗，而无人赏识，进步就会很慢。所以，你在不断努力的同时，还要把你的触角伸得更广阔一点。

犹太人善于做生意全世界有名，在生意场上，他们常常会使出一些常人意想不到的高招，轻松赚得巨额财富。

在日本东部有一个风光旖旎的小岛——鹿儿岛，因气候温和、鸟语花香，每年都会吸引大批来自各地的观光客。有一位名叫阿德森的犹太人在日本经商多年，第一次登上鹿儿岛之后便喜欢上了这里，他决定放弃过去的生意，在此建一个豪华气派的鹿儿岛度假村。一年后，度假村建成了。但由于度假村地处一片没有树木的山坡，一些投宿的观光客总觉得有些扫兴，便建议阿德森尽快在山坡上种一些树，改善度假村的环境。阿德森觉得这个建议好是好，但代价太高，又雇不到工人，因此迟迟无法实现。

后来，阿德森灵机一动，想出了一个妙招——借力。他迅速在自家度假村门口及鹿儿岛各主要路口的巨型广告牌上打出了一则这样的广告：“各位亲爱的游客：您想在鹿儿岛留下永久的纪念吗？如果想，那么请来鹿儿岛度假村的山坡上栽上一棵‘旅行纪念树’或‘新婚纪念树’吧！”

拥有一棵属于自己的树是诱人而令人开心的。那些常年生活在大都市的人，在废气和噪声中生活久了，十分渴望到大自然中去呼吸一下新鲜空气，休息休息；如果还能亲手栽上一棵树，留下“到此一游”的永恒纪念，就更别提多有意思了。于是，看到这个广告后，各地游客纷纷慕名而来。一时间，鹿儿岛度假村变得游客盈门、热闹非凡。当然，阿德森并没有忘记替栽树的游客准备一些花草、树苗、铲子和浇灌的工具，以及一些为栽树者留名的木牌，并规定：游客每栽一棵树，鹿儿岛度假村收取300日元的树苗费，并给每棵树配一块木牌，由游客亲自在上面刻上自己的名字，以示纪念。此举很有吸引力，到此一游的人谁不想留个纪念？因此，一年下来，鹿儿岛度假村除食宿费收入外，还获得了“栽树费”共1000多万日元，扣除树苗成本费400多万日元，还赚了近600万日元。几年以后，随着幼树成材，原先的秃山坡也变成了绿山坡。

让你出钱，让你出力，还让你高兴而来、满意而归，这似乎是不可能的事情。可精明的阿德森却看到了这一“不可能”之中的可能性，做了一笔一举两得的生意。在其中，我们看到了营销创意的价值和魅力。本来是既花钱又费工的一件事，经营销高手一摆弄，竟变为了招徕顾客的一种手段，你能不为之叫绝吗？

那么，在生活中，我们该如何应用犹太人的这一思考术，借助身边的一切力量呢？

(1)借上司的“力”

上司的“力”是否好借，要看你对上司了解和熟悉的程度。

首先，要充分了解和熟悉自己的上司，比如其经历、好恶、工作习惯等。精明的上司赏识的都是那些熟悉自己，并能预知自己心境和愿望的下属。

其次，要充分理解上司的真实意图。每当接受了一项新的工作任务，你都应该弄明白上司的真实意图,站在上司的角度考虑问题,在实践的过程中经常征求上司的意见和建议。

再次,要明白上司的难处,关键时候还要主动站出来做出一些自我牺牲,或放弃自己的个人利益,如此,上司自然会认为你够朋友、讲感情、有觉悟,你在他心目中的形象就会更好。

最后,不要喧宾夺主。有些人,在有了些权力之后,就自以为大权在握,就不把别人甚至上司放在眼里。如此作为,不仅会让你被同事排挤,更有可能成为上司的打击对象。

(2)借同级的“力”

俗话说:“孤掌难鸣。”如果在工作中得不到同事的支持,在很多时候是很难有所作为的。当然,作为同事,有时候免不了有利益冲突,比如荣誉的归属和经济收益的分配等,这时候,你应该学会谦虚,主动礼让,不要争功,更不要揽利。应主动征求同事对自己工作和作风上的意见和建议,彼此真诚相待。

(3)敢于“借贷款”

小商品经营大王格林尼说过:“真正的商人敢于拿妻子的结婚项链去抵押。”小心谨慎地做自己的生意,固然是必要的,但要想在商场中成大气候,还得要大胆地向前迈步走。事实上,不少白手起家的富翁都是用借来的钱挖得自己的“第一桶金”的。

(4)借别人的脑袋、技术来为自己所用

善于将别人的长处最大限度地变为己用,这是最聪明的办法,也是最省钱、省事的成功捷径。

(5)借助舆论,壮大你的优势

从明星的绯闻到政客的传奇,诸多事件都验证了舆论的强大威力。在社会上,舆论像汹涌的波涛,可以把你彻底淹没,也可以把你推上天空。

真正聪明的人,几乎都善于利用舆论来为自己服务,牢牢地锁定目标,制造出“非我莫属”的声势。你要善于人为地为自己制造一些焦点和声势。即使有雄心也不要急于行动,而要利用方方面面的力量,为达到自己的真正意图而摇旗呐喊,这样更容易达到你的目的。

6.资本比资金重要,但最重要的还是性格

有位记者采访投资银行的一代宗师摩根，问:“决定你成功的条件是什么？”

摩根毫不掩饰地说:“性格。”

记者又问:“那么,资本和资金哪一个更重要？”

摩根一语中的地答道:“资本比资金重要,但最重要的还是性格。”

的确,翻开摩根的奋斗史,不论是他成功地在欧洲发行美国公债,慧眼识中无名小卒的建议而大搞钢铁托拉斯,还是力排众议,甚至冒着生命危险推行全国铁路联合,都归结于他那倔强和敢于创新的性格。如果排除这一条,恐怕有再多的资本也无法开创投资银行。

1998年5月,华盛顿大学有幸请来世界巨富沃沦·巴菲特和比尔·盖茨发表演讲。当学生问出“你们是怎么变得比上帝还富有”这一有趣的问题时,巴菲特说:“这个问题非常简单,原因不在智商。为什么聪明人会做一些阻碍自己发挥全部功效的事情呢?原因在于习惯、性格和脾气。就像我说的,这里的每个人都完全有能力获得和我一样的成功,甚至超过我。但

是有些人做得到，有些人就做不到。做不到的人，是因为他自己阻碍了自己，而不是这个世界不让他做到。他自己压抑了自己的性格，扼杀了自己的天赋，一句话，是他自己挡住了自己的路！”

我们不可能设想让一个性格暴烈的人去搞公关、谈生意或做服务工作；让一个性格怯懦、柔弱的人去搞刑侦破案；让做事大大咧咧、马马虎虎的人去当医生或会计……硬在做与自己性格不相符的职业，带来的并不是收获与快乐。

既然许多人都知道这些道理，为什么还会有人入错行呢？

最主要的原因只有一个：对自己的性格不够了解。

一个人选择职业，就像恋爱婚姻一样，爱情是浪漫的，婚姻却是现实的。开始的时候可能会为对方的英俊潇洒或美丽袅娜的外表所吸引，一见钟情，并很快沉醉于热恋，乃至匆匆结婚。但当进入现实的婚姻以后，如果对方不是自己出自内心的真正选择，这段婚姻就很难长久地维持下去。

因此，选择职业时最重要的是能否正确地分析自己：你是什么样的性格？你的性格适合从事什么样的职业？下面列举了几种性格，读者可以一一对号入座。当然，每个人的性格不完全是“单一的”，也可能是两种或三种的混合，请参考这个分类，归纳自己的性格，找到自己最适合做的行业，然后努力成为本行业里的佼佼者。

刚毅型

刚毅型性格是刚与毅的结合，具有这种性格的人不仅性格刚强、刚烈，而且具有坚强持久的意志力。他们的优点是意志坚定、行为果断、勇猛顽强、敢于冒险，善于在逆境中顽强拼搏。阻力越大，个人的力量和智慧就越能发挥得淋漓尽致。他们办事效率高，处理问题果断泼辣。他们有魄力，敢说别人不敢说的话，敢做别人不敢做的事。遇事通常自己做主，不依赖他人，不迷信权威，喜欢独立思考、独立工作。

他们的缺点是易冒进，权欲重，有野心。这种人常常盛气凌人、争强好胜，喜欢争功而不能忍让，为人霸道，与人共事缺乏谦让的气度，喜欢自己说了算。

具有这种性格的人适合在政治、军事等领域发展。他们目标明确，行为方式积极主动、坚决果断，故多适应开拓性或决策性的职业，如政治家、社会活动家、行政管理者、群众团体组织者等，不适宜从事机械性的工作和要求细致的工作。

温顺型

温顺型性格的人逆来顺受，随波逐流，缺乏主见，常常因优柔寡断而痛失良机。但是，这种性格的人又有性情温和柔顺、慈祥善良、亲切和蔼、不摆架子、处事平和稳重的优点，他们能够照顾到各个方面，待人仁厚忠实，有宽容之德。

更重要的是，这种人有丰富的内心世界和敏锐的观察力，他们在文学艺术领域常常能如鱼得水。同时，他们还擅长技能型、服务型工作，如秘书、护士、办公室职员、翻译人员、会计师、税务和社会工作者，或专家型工作，如咨询人员、幼儿教师等。不适合从事要求能作出迅速、灵活反应的工作。

固执型

固执型性格的人在思想、道德、饮食、衣着上往往落伍于社会潮流，有保守的倾向。他们比较谨慎，该冒险时不敢冒险，过于固执，死抱住自己认为正确的东西，不肯向对方低头，不善于变通。他们有些惰性，不够灵活，而且不善于转移注意力。

但这种人又有立场坚定、直言敢说、倔强执着的优点。他们行得端、走得正，为人正直；他们做事踏实、稳重，兴趣持久而专注；他们善于忍耐，沉默寡言，情绪不轻易外露；他们具有较强的自我克制能力。

这类人特别适合科研、技术、财务等工作，不适合做需与人交往的变化性较强的工作。

韬略型

这种性格的人优点是机智多谋而又深藏不露，思维缜密，心中自有丘壑，善于权术，反应也快，能够自制自律，临危而不惧，临阵而不乱；缺点是诡智多变，会算计。他们有野心，不甘居人后，更不愿寄人篱下，因而不容易控制。

这种性格的人在紧张和危险的情况下能很好地执行任务，适宜从事具有关键作用和推动作用的工作，典型的职业有政府官员、企业领导、行政人员、管理人员、新闻工作等。不宜选派这种人掌管财务、后勤供应等事务。

开朗型

这种性格的人交游广阔，待人热情，生性活泼好动，出手阔绰大方，处世圆滑，能赢得各方朋友的好感和信任。他们善于揣摩人的心思而投其所好，善于与各方面的人打交道，常混迹于各种场合而能左右逢源，善于打通各方面的关节，适合做销售和公关工作。反应灵敏，善于与人交往，人缘好，处理起人际关系来得心应手，不容易得罪别人。

缺点是广交朋友而不加区分，常对朋友没有原则性地讲义气，很难站在公正的立场上看待事情的是非曲直，不适宜做原则性强的工作。

这类人比较适宜从事商业贸易、文体、新闻、服务等职业，演艺、新闻、保险、服务以及其他同人群交往多的职业也能够充分发挥出他们的性格优势。他们不适宜做与物打交道的技术性或操作性工作。

勇敢型

具有这种性格的人敢作敢当，富于冒险精神，意气风发，勇敢果断，有临危不惧的勇气。对自己衷心佩服的人能言听计从、忠心耿耿，适应能力强，在新的环境中能应付自如，反应迅速而灵活。

缺点是对人不对事，服人不服法，全凭性情做事。只要是自己的朋友，于己有恩,不管对方犯了什么错误,都会盲目地给予帮助。

在警察、企业家、领导者、消防员、军人、保安、检察官、救生员、潜水员等职业领域,有这种性格的人将会如鱼得水。但这种性格却不适宜从事服务、科研、财务等要求细致的工作。

谨慎型

你若是一个谨慎型性格的人,一定会常受到这样的责备:你疑心太重、顾虑重重;你缺少决断,不敢承担责任;你谨小慎微,一而再、再而三地错失机会;你缺少胆量,不敢开拓创新……不错,谨慎型性格的人的确有上述缺点。但千万不要忘记,谨慎型性格的人也是世界上最精细、最有理性的人,他们做起事来一丝不苟、小心谨慎;他们为人谦虚、思维缜密;他们讲究章法、井井有条;他们考虑问题既全面又深入……

这类人适合做办公室和后勤等突发事件少的工作,适合有规则的具体劳动和需要基本操作技能的工作,但缺乏开拓创新能力,不适宜从事要求大刀阔斧的职业。所适合的职业有高级管理者、秘书、参谋、会计、银行职员、法官、统计、研究人员、行政和档案管理。

狂放型

这种性格的人行为狂放、桀骜不驯、自负自傲,为人豪放、豪爽,不拘小节,不阿谀奉承,常常凭借本性办事,做事好冲动,好跟着感觉走,因而对很多事情都看不惯,难以在实际工作中取得卓越成就。

他们一般具有想象力强、冲动、情绪化、理想化、有创意、不重实际等性格特征,适合在需要运用感情和想象力的领域里工作,但不擅长事务性的职业。

这些人喜欢表现自己的爱好和个性,喜欢根据自己的感情来作出抉择,喜欢通过自己的工作来表达自己的理想。所适合的职业有创造型工作,如演员、诗人、音乐家、剧作家、画家、导演、摄影师、作曲家,或者是创意型工作,如策划、设计等。最不适合他们的职业莫过于从政和经商。

沉稳型

这种性格的人内心沉稳，沉得住气，办事不声不响，工作细致入微、认真勤恳，有锲而不舍的钻研精神，因此往往能成为某一个领域的专家和能手。他们感情细腻，做事小心谨慎，善于察觉到别人观察不到的微小细节。他们喜欢探索和分析自己的内心世界，一般来说，性格略为孤僻，容易过分全神贯注于自己的内心体验。

在别人看来，这类人可能显得冷漠寡言，不喜欢社交。他们的缺点是行动不够敏捷，凡事三思而后行，容易错过擦肩而过的机会；兴趣不够广泛，除自己感兴趣的事外，不大关心身边的事物；适应能力较差，反应速度慢，相对刻板而不灵活。

这种人喜欢按照机械的或别人安排好的计划和进度办事，喜好重复的、有计划的、有标准的工作，适合从事稳定的、不需与人过多交往的技能性或技术性职业。典型的职业有医生、印刷校对、装配工、工程师、播音员、出纳、机械师及教师、研究人员等。不适合做富于变化和挑战性大的工作。

耿直型

这种性格的人胸怀坦荡，性情质朴敦厚，没有心机，有质朴无私的优点。情感反应比较强烈和丰富，行为方式带有浓厚的情绪色彩。他们富有冒险精神，反应灵敏，常常被认为是喜欢生活在危险边缘寻找刺激的人。

缺点是过于坦白真诚，为人处世大大咧咧，心中藏不住事，常口无遮拦，有什么说什么，城府不深。做事往往毛手毛脚、马马虎虎、风风火火，而因直爽造成的人际关系方面的损失就更不必细数了。同时，因性情耿直、脾气暴躁、不善变通，有时会一味蛮干，不听劝阻，该说的说，不该说的也说，因此常会给自己招来麻烦。

具有这种性格的人适合从事具有冒险性、探索性或独立性比较强的职业，比如演员、运动员、航海、航天、科学考察、野外勘测等。不适宜从事政治、军事等原则性强、保密性强的职业。

7.如果赚一块钱就有利润,那就不要赚两块

商人的目标就是挣钱,然而,挣钱的方式有千万种,不一定要在第一时间就掏空顾客的口袋。在这个信息高度发达的社会,顾客已经不再像以前那样懵懂,他们会先分析再进行选择性消费,一旦顾客发现自己的消费高于商品价值,便会毫不犹豫地离开。相反,如果商人能在第一时间保住顾客口袋里的钱,那么,他就会舍不得转身离去。

台湾企业家、世界"塑胶大王"王永庆是一个让利专家,他认为,助人就等于助自己。

台塑集团公司的管理水平很高,这让它的下游客户羡慕不已,他们希望台塑能将自己的管理精华传授给他们,使他们能迅速提高经营管理水平。这项建议反馈到台塑后,王永庆欣然应允,决定开办"企管研讨会"。参加研讨会的学员来自众多行业,都是台塑集团公司的客户,连一些著名企业的老板也报名参加了。

为了更好地将自己的管理经验传授出去，台塑企业决定对学员一律免费。除提供教材外,还免费供应午餐与晚餐;上午下午各安排一次"咖啡时间",供应各式餐点。根据台塑总管理处的成本核算,每位学员的花费达800元台币,总支出达160万元台币。

在一般人看来,花钱请别人来学自己的"绝活",无疑是在干傻事。但王永庆的理念却是于人有利,自己有利,这也正是他的出类拔萃之处。

王永庆深知,台塑与下游企业乃是唇亡齿寒的关系,一荣俱荣,一损俱损。因此,他从不利用"龙头老大"的地位为自己谋利。相反,他宁可自

己少赚点，也要保障下游企业的利益。

有一年，由于世界石油危机和关贸壁垒的原因，国际经济环境恶化，全球塑胶原料价格普遍上扬。按市场常规，台塑于此时提价名正言顺。但王永庆考虑到下游企业的承受能力，决定降低公司的目标利润，维持原供应价，自行消化涨价成本。有人问他为什么如此大度，他说："如果赚一块钱就有利润，为什么要去赚两块钱呢？何不把这一块钱留给客户，让他去扩大设备呢？如此一来，客户的原料需求量将会更大，订单不就更多了吗？"

商业史上有一个著名的"水桶理论"："财富就如同水桶里的水，你把桶推向别人，水就会涌向你这边；反过来，你把桶拉向自己，水就会涌向别人那边。同样的，你要是想独占利益，利益就会远离你；而如果你乐于和别人分享，利益就会不请自来。"

"水桶理论"说的其实就是"分享""让利"的观念。如果经常盘算的不是分享，而是怎么让客户从兜里掏出更多的钱来购买客户未必需要的商品以满足自己对于利润的渴求，这样毫不考虑客户利益的落后的商业观念，最终必然会导致失败。

/第三章/

朋友决定财源

——有了好朋友，就有好收益

1.依靠朋友，才能捕获到更多的优势

成功学之父卡耐基说过："成功=15%的技能+85%的人脉。"如果你善于经营，把你人脉网中的每一个人都经营成你的贵人，那么你的资源会更丰厚，对于未来的成功也会更有保障。尤其是在人生的创业初期，如果你有充足的人脉资源，那无异于是锦上添花，你的事业又多出了几分动力与希望。

提到"搜狐",可以说是无人不知,而搜狐首席执行官张朝阳在创业初期受阻时,正是碰上了尼葛洛庞帝这个贵人,才走上了如今的辉煌之路。

1996年的中国,绝大多数人还不知道互联网为何物,而凭借中国互联网发迹的张朝阳,其创业之路也正是在这一年正式起步的。创业之初,张朝阳整日奔波在纽约和波士顿。那时候的他手上并没有什么实际可供出售的商品,只有一份商业计划书,上面写着今天看起来还并不成熟的商业构想。

当张朝阳不知疲倦地奔波于美国和中国,想找到一些投资商,实践他的互联网商业理想时,却因为当时的美国风险投资人远不像今天这样对中国创业者感兴趣而受阻。但就在这时,张朝阳拿到了一笔17万美元的风险投资。作为主要投资人的尼葛洛庞帝这样说道:"我虽然并不认识张朝阳,但是我确实知道互联网是很重要的,也知道中国是很重要的,我还知道张朝阳是一个很聪明的人,这就够了。正是基于这几点,我才决定给他投资。"

很快,张朝阳借助这笔资金,在北京创立了爱特信公司,这家公司是中国第一家借助风险投资建立的网络公司。1998年2月,张朝阳推出了号称"中国人自己的搜索引擎"——搜狐。

对于投资的受益人张朝阳来说,尼葛洛庞帝的投资从某种程度上改变了他的命运,因为尼葛洛庞帝投给他的不仅是资金,还有信心和知名度。而这种完美的双赢局面,当初又有几个人能预见到呢?

俗话说:"七分努力,三分机遇。"在攀登事业高峰的过程中,尤其对于一个想度过创业初期艰难境地的人来说,如果有贵人相助,不仅能替你加分,还能增加你的筹码及成功概率,达到事半功倍的效果。

苏宁电器自成立以来曾多次获得“全国十大最具影响力企业”的称号，不仅如此，苏宁电器还获得过“中国商业名牌企业”“首届中国优秀民营企业”“2005年度中国著名品牌200强”等荣誉。苏宁电器在深交所上市以后，就以2005年中国股市第一高价股成就了其“中国家电连锁No.1”的美名，而董事长张近东也因此被冠以“中国现代商圣”的美称。

张近东出生于江苏，兼具北方人的豪爽与南方人的缜密，待人接物一向礼数周全而且真诚义气。正是这种性格使他结交了各行各业的众多朋友，也催生了今日的苏宁。在一次《财经》杂志的专栏采访中，张近东告诉记者：“任何美誉都只能代表外界对苏宁的极大程度的认可，中国家电连锁业如何营造一种厂商之间鱼水情深的氛围，才是目前最应关注的问题。在商言‘义’是现代企业发展的命脉，也是苏宁对厂商关系定下的原则。”

2004年7月22日，张近东在深圳为苏宁正式登陆中小企业板举办的晚宴，俨然成了家电大佬的私人聚会。海尔、康佳、创维、长虹、TCL和科龙等国内著名家电品牌的领军人物纷纷到场，嘉宾甚至还包括已经鲜在公众场合露面的春兰集团董事局主席陶建幸、美的集团创始人何享健、海信集团董事长周厚健等。

张近东表示：“财富只是企业的一部分，对于商业连锁企业而言，更重要的是人脉，也就是厂商关系。无论是制造商还是销售商，在整个产业价值链上都是增值型的服务商，都要以服务、信誉和创新来不断创造自身和消费者的价值，进而提升整个产业链的价值。从这个意义上来说，苏宁电器和各厂家是最忠实的合作伙伴。”

不难看出，张近东找到了一条他认为正确的企业发展道路——“人脉优势定天下”。

俗话说：“成大事者必有贵人相助。”对于创业者而言，更是少不了“贵人"的帮助。没有"贵人"本杰明·格雷厄姆的倾心扶持,巴菲特不会成为取代比尔·盖茨世界首富位置的"股神";没有"贵人"余蔚的投资,江南春的分众传媒恐怕无法摆脱困境;没有"贵人"宁高宁,牛根生也许难以走出"三聚氰胺"等事件带来的阴影……

成功人士往往有一条通往成功的捷径:"密切彼此的友谊和获得发展的机遇。"从某种意义上来讲,人脉是机遇的介绍人,有了人脉,就能捕获到更多的机会,在业界"占山为王"。

2.寻找成功的"贵人",并与他们为伍

倘若你和失败者面谈,你就会发现:他们失败的原因,是因为他们无法获取成功的环境,他们从来不曾走入过足以激发自己潜力、鼓励自己的环境。因为他们的潜能从来不曾被激发,他们总是与失意者在一起抱怨,所以,他们没有力量从不良的环境中奋起振作。

一位百万富翁登门请教一位千万富翁。

"为什么你能成为千万富翁,而我却只能成为百万富翁,难道是我不够努力吗?"

"你平时和什么人在一起?"

"和我在一起的全都是百万富翁,他们都很有钱,很有素质……"

"我平时都是和千万富翁在一起,这就是我能成为千万富翁而你却只能成为百万富翁的原因所在。"

美国一个调查机构认为，一个人失败的原因，90%是因为这个人的周边亲友、伙伴、同事、熟人大都是失败和消极的人。如果你习惯选择与消极的人交往，那么你将在不知不觉中被拖下水，并使你的远大抱负日益萎缩。

当人们在谈论被称为“股神”的巴菲特时，常常津津乐道于他独特的眼光、独到的价值理念和不败的投资经历。其实，除了投资天分外，巴菲特很早就知道要去寻找能对自己有帮助的贵人，这也是他的过人之处。巴菲特原本在宾夕法尼亚大学攻读财务和商业管理，在得知两位著名的证券分析师——本杰明·格雷厄姆和戴维·多德任教于哥伦比亚商学院后，他辗转来到哥伦比亚大学，成为“金融教父”本杰明·格雷厄姆的得意门生。

大学毕业后，为了继续跟随格雷厄姆学习投资，巴菲特甚至愿意不拿报酬，直到巴菲特将老师的投资精髓学到后，他才出道开办自己的投资公司。

人要有主动寻找“贵人”的智慧，更要具备得“贵人”相助的才能。想要通往财富之路的你，赶紧学学这些企业家的“寻贵”精神吧！

向成功的“贵人”学习成功的方法，不是要你走他们的老路，而是要直接进入到他们的经验、原则之中，了解成功者的思维模式，并运用到自己的事业中。

结交“贵人”，在自己的人脉网上放几张大牌，有一个重要的前提是要认识更多的人。如果你每天只活在既定的圈子里，那么你这个圈子里的贵人肯定寥寥无几。只有拓宽交往渠道，积极参与社交活动，扩充人脉网络，你才有更多的机会去认识“贵人”、结交“贵人”，获得“贵人”的帮助。

当然，很多人说，面对一些陌生的面孔，心里会很紧张，而且在那种场合总是觉得自己很卑微。在陌生的环境中，当然会有不舒适的感觉，但是所谓一回生两回熟，打起精神来，度过你的恐惧期，你一定会成为新的社交圈里的常客。

3.学会在关系中找关系

商场就像前途充满未知的大海，到处都是风风雨雨、大潮大浪。在走向这个未知领域的过程中，只靠一个人的力量必然不够。如果你有足够的人脉网，并且能够通过现有的关系找到更进一步的关系，那么你的人脉网将会越来越强大。这就好比拥有一张有着强大保护力的航帆，只要你的方向正确，那么越过汪洋、抵达成功之岸便易如反掌。

跟所有人一样，胡汉的梦想也是通过创业建立起自己的事业，他做的是建筑行业。一次，他所在的城市要进行基础设施建设改造，他觉得这是使他的事业更上一个台阶的大好机会。可他转念一想，同一个城市符合要求的公司多达十几家，他的企业并不是非常拔尖，这可如何是好？他绞尽脑汁，审察了自己的通讯录，想看看自己是不是认识专门管理此工程的负责人，几经周折，他在通讯录上终于找到了一位认识这个项目负责人的朋友。

朋友告诉他，该项工程的负责人有个爱好，就是每逢周末下午必到郊区的鱼塘钓鱼。于是，胡汉探明地点，带上渔具，想做一回姜太公，钓一条大鱼。他先沉默地在旁边看着负责人垂钓，每当负责人钓上一条鱼，胡汉就会露出极其羡慕的表情。负责人大为得意，看胡汉带着渔具却没有钓鱼，便好奇地询问他。胡汉装作不会钓鱼的样子，借机向负责人讨教。

负责人一下子感觉遇到了知音，并将他钓鱼的一些心得告诉了胡汉。两人越聊越投机，不知不觉就谈到了各自的职业。胡汉一副委屈得不得了的样子，说自己的行业竞争过于激烈，向负责人大倒苦水。后来，负责人向他表明了身份，胡汉趁机向他提出了自己的要求。

自然，在条件相当的情况下，胡汉拿到了工程招标，而且更为重要的是，他钓到了一条非同寻常的“大鱼”！

这便是关系所起到的妙用。

什么是“关系”呢？关系，就是你的人脉。当你的人脉能够交织成网时，无论做什么事情，你都能从这张关系网上找到可供运用的地方，那么生意场上将没有做不到的事情。

但是，人脉也有“好坏”之分。有的人整天忙忙碌碌，为了应酬、维持自己找来的关系而叫苦连天，网织得虽大，但漏洞百出，而且死结连连，貌似壮观却不实用，撒进水里也网不到鱼。

这里犯的错误就是“滥交”。交友不可滥交，人脉不可滥立，建立关系网也要有针对性。人的精力终归是有限的，你一揽子照收，精华、渣滓就全跟着进来了。

在挖掘更深层关系的时候，你可以按照以下步骤：

第一步是“筛选”，要在适当的时候找适当的人。

第二步是“排队”，要对自己认识的人进行分析，列出哪些人是最重要的，哪些是稍次之的，哪些人不是很重要，根据自己的需要进行排队。这样，你就可以决定哪些关系需要重点去维护，哪些只需要一般保持联系，以便合理安排自己的精力和时间。

第三步是对“关系进行分类”。因为你的职场要涉及方方面面、条条框框,你需要很多方面的资源,有的关系可以帮助你办理有关手续,有的能够帮助你出谋划策,而有的则只能为你提供某种信息。根据其作用的不同,对其进行分门别类,有了这一步的准备,你才可能有效地利用这张网,知道在什么情况下打什么牌。

当然,建成了这张网还不算完事,你还得不断查漏补缺。因为随着人事更迭,一张本来完整的网可能会出现各种变化,难免会有漏洞,这就需要不断地更新自己的人脉网络,不断调整你手中的牌,重新进行排队和分类,不停地刷新你的人脉网。如此,这张人脉网才能保持一直有效。

4.维持人际关系的秘诀——没事常聊聊

想要维持好你的人际关系,“没事常聊聊”是一个不错的方法。当你将此养成了一种习惯,一种很自然的行为,那么在不知不觉中,你的人脉会成为你最忠诚的对象。

如果你是企业的管理层,“没事常聊聊” 所包含的对象就要更扩展一层,既要没事的时候跟自己的朋友常聊聊,更要与政府、供应商、经销商等利益相关群体中的重要部门或人员聊聊,增进彼此的感情。这些细小的行为,对企业或自己事业的成功都非常有用。特别是当在这种公共关系交往中建立了良好的关系后,对企业与政府的沟通、企业问题的解决以及个人事业的成功都是大有帮助的。

朋友之间的友情,也正如同银行业务中的零存整取,平时颗粒归仓,若干年后，你就能拥有一座自己都难以相信的金库，取之不尽，用之不竭。所以，朋友间的关系也需要维护和经营。平时“老死不相往来”，相当于不存钱；有事才想到要朋友帮忙，就相当于要从有限的户头上取钱；只取不存，存折迟早会空，坐吃山空，再大的金山也有用完的一天。以这种方式对待朋友，对待自己的人脉，你跟朋友间的感情迟早会枯竭，再次成为陌路人。所以，你要跟朋友经常保持联系，不断地为你的人脉关系添加润滑剂，使你的人脉关系更灵活，你的人脉才能保鲜，生机勃勃。

(1)无论得意或失意，都要常打电话

若你人脉中的某个朋友刚刚失业，正处于无比沮丧中，这时，你不妨打一个电话过去，提个不错的建议，给予一些帮助，介绍一份工作，这有助于你建立起忠诚的人脉关系。

而当你失意时，若打电话给一个你曾经给予过帮助的人，他一定不会拒你于千里之外，而是热情无比地向你提供力所能及的帮助。

(2)刷新他的信息，告之你的改变

朋友升迁了、搬家了、手机号换了之后重新申请了一个，或者你刚换了工作、通讯录不见了……这些都是你的人脉关系的变化。每当发生一个重要的变化时，要及时通知一下，这样才能让你的朋友感觉到你对他的重视，从而加深彼此的感情。所以，要记得时时刷新你的人脉信息，过时的信息是毫无用途的，只会白白浪费你的精力和资源。

(3)人脉有冲突，要当和事佬

你的人脉中可能会有人因一时的意外或疏忽，而产生不合或不满。这时，你要挺身而出，义不容辞地出来调解。如果能帮助他们解决矛盾，那是再好不过，对双方都有利，两方都会感激你；即使调解不成，他们也会理解你的一片苦心。

(4)祝贺要有创意

朋友过生日，要结婚，要开一家服装店……这个时候，你要寄送贺卡或相关的有纪念意义的礼品。赠送礼品是有讲究的,你要送出创意才能显出自己的特别,朋友也才会对你另眼相待,感动于你细致入微的心思。所以,千万不要低估一张卡片或一份礼品的力量,小处可见大,成大事者要从小处着手。

(5)积极参与社区活动

可能你的朋友们有些会出现在社区搞的联谊或团组活动中, 你也可以常参与其中,与朋友一起娱乐,做些有意义的活动,如帮助孤寡老人、失学儿童,参加义工活动等,都是很有意义的。当你以后跟朋友坐在一起谈论这些事时,你们会陷入一种贴切的感动中,这就是友情的感动。

(6)时时关注你的人脉名单

你的人脉名单中的某个人升迁成为某公司中的头号人物, 或你的某个事业有成的朋友突然要另起炉灶、重开公司……这些信息你都要密切关注,不能有“漏网之鱼”,如果事情已经过了很多年,你才有所耳闻,这都是不应该的事。当你得知这些消息,一定要及时、主动地写封贺信,做张精致的卡片,或电话祝贺一番,这些都是极具意义的。

(7)向朋友提供有益资讯

通过朋友,你可以获取很多对你有益的资讯信息;反之,你也要考虑到你的朋友,他是不是也需要你为之提供一些有用的信息?如果需要,你就要留意一下在你的人脉名单中的朋友有哪些爱好、兴趣和特别的需要,另外还要观察自己身边的信息和各种资讯,将对朋友有益的资讯提供给他们,这样,你留给他们的印象就不会被时间抹去了。

(8)给外地的朋友特别的问候

你的人脉中可能有些朋友长居异地,一年都难得见上一次,所以,当你偶尔到他所在的城市出差,即使没有时间,只是在那座城市的机场停留几分钟,也要献上你的问候,一个电话,一条信息,足矣。

另外,你还可以诚挚地向你的异地朋友请教一些当地信息,如哪家饭店的饭菜特别实惠而且好吃或者当地的人们都有什么特殊的习惯等，这样你的朋友会觉得他在你的心中异常有分量，会特别愉快。

(9)心到不如人到

这是最重要的一点。婚礼、毕业典礼、表演、颁奖典礼等，这些对朋友来说肯定是特别重要的，当然，如果你特别特别忙，可以不必参加，事后弥补也可以。但是你得明白一点——心到不如人到，事后弥补得再好，也不如你到现场看一下，这就是"说到不如做到"。把朋友的大事当作一件大事对待，能帮助你抵达朋友的内心，使他永远都不会忘记你。

5.求人不丢人，放下所谓的"面子"

战国时期，有个名叫许行的楚国人来到滕国，他和自己的几十个门徒穿着粗麻织成的衣服，靠编草鞋、织席谋生，以能自耕自足、不求他人为乐，并据此指责滕国的国君不明事理。因为在许行看来：人不能依赖别人，不能向人求助，所以身为一个真正贤明的国君，他既要替老百姓服务，同时还要和老百姓一样自耕自食；如果自己不耕种而要别人供养，那就不能算作是贤明的国君。

一个叫陈相的人把许行的所作所为及其主张告诉了孟子。

孟子问陈相："许行一定只吃自己耕种收获的粮食吗？"

陈相回答："是的。"

孟子接着又问："那么，许行一定要自己织布才穿衣吗？他戴的帽子也都是自己做的吗？他煮饭的铁甑也都是自己亲手浇铸的吗？他耕作用的铁器也都是自己亲手打制的吗？”

陈相回答:“都不是的。这些物品都是他用米、草鞋、草席这些东西换来的。”

孟子说:“既然是这样,那就是许行自己不明白事理了。”

孟子和陈相的对话,明白地指出,人们的衣食住行等各方面都有求于人,即使拥有上亿财产,也不见得买得到你真正想要或需要的东西。

很多人信奉“万事不求人”或“求人不如求己”的原则,认为请求别人帮助是自己无能的表现,似乎有些丢脸。这种看法是有失偏颇的。人与人之间的互相帮助是生存与生活的必然现象,并非“无能”或“丢脸”。因此,要找人办事、学会求人,就必须要“打死心头火”。如果一听到对方的话不对自己胃口,就马上“火冒三丈”,这样是难以悟到求人成事的要义的。

要求人,脸皮薄可不行。所谓“人在矮檐下,不得不低头”,求人成事,脸皮薄,放不下清高的架子,是不会成功的。

20世纪80年代，艾科卡由于遭人嫉妒和猜忌被老板免去了福特汽车公司总经理的职务。面对打击,他没有消沉,而是立志重新开创一片天地。为此,他拒绝了数家优秀企业的招聘,而接受了当时濒临破产的克莱斯勒公司的邀请,担任总裁。

为了争取到政府的贷款,艾科卡四处游说,找人求人,接受国会各小组委员的质询。有一次,由于过度劳累,他眩晕症发作,差点晕倒在国会大厦的走廊上。为了取得求人、办事的成功,艾科卡把这一切都忍了下来。结果,他领导着克莱斯勒公司走出了困境,到1985年第一季度,克莱斯勒公司获得的净利高达5亿多美元,艾科卡也从此成为美国的传奇人物。艾科卡能取得如此巨大的成功,其秘诀就是“打死心头火”。

当然，这里的“心头火”指的是高傲的自尊，而不是为了目标努力耕耘、勇往直前的热情。

求人时，最忌讳的便是为了“面子”问题而发怒。发怒非但不能解决问题，反而会得罪能帮助你的人。当求人遭遇刁难时，不妨先按捺住自傲的火气，拿出你的热忱，让别人看见你真正的需要，让他了解你的目的。张三拒绝你，不妨找李四；李四拒绝你，再找王五，总会找到肯帮助你的人。千万别为了一时的“面子”，而忘了求人的真正目的是“解决问题”！

当然，我们提倡的放下“面子”，并不是让你卑躬屈膝、低三下四，而只是让你放下“不必要”的“面子”，大胆地走出去，和朋友面对面交往，寻求帮助。

唐代诗人白居易16岁时到长安应试，向当时的名士也是著名诗人的顾况求助，希望对方能推荐自己。

当时，白居易还只是一个无名小辈，地位已经很高的顾况自然瞧不起这个年轻人，一看见他姓名中的“居易”二字，就嘲笑他说：“长安米贵，居不大易。”

言下之意非常明显，就是我为什么要帮助你这个无名小辈呢？帮助你在长安成名又有什么意义呢？但当顾况看到白居易递上去的诗作，翻阅到其中《赋得古原草送别》，精神不由一振：

离离原上草，一岁一枯荣。

野火烧不尽，春风吹又生。

远芳侵古道，晴翠接荒城。

又送王孙去，萋萋满别情。

这首诗写得极有气势，把自然界的草木荣枯与人生的离合悲欢联系起来，特别是“野火烧不尽，春风吹又生”一句，表现出了一种饱受摧残却仍不屈不挠、奋发豪迈的精神。见此,顾况不由得击节赞叹,改口称赞说:“有才如此,居亦易矣!”顾况以此认为白居易是个值得自己帮助的青年,于是答应了白居易的求助,帮助白居易广交长安名人雅士,并在仕途上助他一臂之力。

就这样,白居易以不卑不亢的态度,用过人的才华为自己赢得了成功的机会。

求人时,不妨想想你有什么地方值得别人帮助你:向人借钱,是不是该让人知道你有还钱的实力?向人求工作,是不是该让他知道你的工作能力能为他带来多少利润?向人求爱,是不是该让他知道你值得他爱的优点?

求人不必总是低声下气,但也用不着狂妄自大。如果你是被请求者,则完全没有必要摆出居高临下的样子,而应该表现出自己平易近人的一面,开朗、热情、主动、目中有人、尊重对方,再配上微微一笑,必定会使对方感到亲切而温暖,这有助于给求人者与被求者双方创造一种友好亲切的气氛,解除那种由于你的身份、你背后的权力与经济实力加在对方头上的沉重压力。总之,身为强者的你应该放下架子,以缩短双方的距离,激发双方思想感情上的共鸣而不应妄自尊大、盛气凌人。

而作为地位比对方低的求人者,则应该不为对方的权势所动,不为对方的身份、地位所左右,克服畏惧、紧张、羞怯、遮掩的不良心态,大胆地表明自己的来意,以一种“人对人”的不卑不亢的态度来与对方会谈,尽可能地展示自己的才华,这样才能在求人成事时获得成功。

6.结识“重要的陌生人”

毕业、升职……这些事件都标志着生活中某个阶段的结束，而这样的事件很有可能促进你与亲人、爱人、朋友之间的关系。

比如，你也许曾经在一名英年早逝好友的葬礼上受到了很大的震撼。你发誓说，要与老朋友们、了解你的人保持密切联系。可通常，这样的誓言总是容易被淡忘。

这不是说你冷漠无情，而是因为你的需要在变化，于是你的动机也跟着变化。当恐惧和悲痛逐渐消失，你的视野便会扩大，你会希望寻求更多的兴奋点、更多的发展机会和新的体验，而不是只和家人、朋友待在一起。

这说明，我们的生活离不开至亲好友，但如果在社交护航队中没有“重要的陌生人”，我们也走不了太远。

什么是“重要的陌生人”？《时代》周刊的固定供稿人、幽默作家乔尔·斯坦读到2006年度最具影响力人物的提名时，向自己提出了一个问题：“写写那些真正对我有影响的人怎么样？”

于是，“对乔尔最具影响力的100位人物”产生了。

到底谁是对乔尔·斯坦产生影响的人？当然是他爱的人，但即使包括他的妻子、母亲、父亲在内，也只有18位，另外的那些，有40人是在不同程度上对他的事业发展起到过促进作用的人，比如给了他第一份工作、让他做情景喜剧编剧的制片人……大约还有15人，是能给他提供不可或缺的服务或建议的人，比如他的律师、经纪人、注册会计师、他在花旗银行的客户代表以及他的眼科医生，还有“通过修正我的书稿错误使我看起来很聪明”的文字编辑……乔尔还列出了他以前的房东、租户、抵押交易员，以及把房子卖给他的那对夫妇:“如果我的房子遇到水暖管道问题，去找他们真是非常方便。”

实际情况是,与“对乔尔最具影响力的100位人物”相似,我们每个人都拥有各自的重要陌生人——在家人和密友之外的那些人。他们可以是与我们认识了很长时间的人,也可能是我们偶尔才会遇到或只在特定场合遇到的人。他们涉及我们生活的方方面面,而每一个人都以某种方式与我们产生联系,并满足我们的特定需要。

最宝贵的金子总是埋在沙子下面的,好东西都要靠挖掘才能得到。所以,别忽略你的“重要的陌生人”,他们就像54张扑克牌中的一张,看上去点数不大,可有时偏偏就能决定你是否能赢这把牌。

在这个已然缩小的“地球村”上,人与人之间不再只是陌生人。下面这个故事告诉你,生活中充满了许许多多因缘,每一个因缘都会使你结识一位陌生人,每一个陌生人都可能将你推向一个新的高峰。

一个风雨交加的夜晚,一对老夫妇在路上艰难地走着。终于,他们发现了一家灯火通明的旅馆。老夫妇走进旅馆的大厅,向服务生申请住宿。

当时,乔治·波特正好在这家旅馆值夜班。他说:“十分抱歉,今天的房间已经被早上来开会的团体订满了。”老夫妇听了乔治的话很失望,准备另找一家旅馆住宿。乔治拦下了老夫妇,说:“若是在平常,我可以送你们去附近的旅馆,可是我无法想象你们要再一次置身于风雨中,你们何不待在我的房间呢?它虽然不是豪华的套房,但还是蛮干净的,因为我必须值班,我可以待在办公室里休息。”乔治很诚恳地向这对老夫妇提出了这个建议。

这对老夫妇大方地接受了他的建议,并对给乔治带来的不便致歉。

第二天早晨,雨过天晴。老先生前去结账时,在柜台服务的仍是昨晚的那个年轻人乔治。乔治亲切地告诉老人:“昨天您住的房间并不是饭店的客房，所以我们不会收您的钱，也希望您与夫人旅途愉快！”

老先生不断地向乔治道谢，并且称赞：“你是每个旅馆老板梦寐以求的员工，或许改天我可以帮你盖家旅馆。”

乔治听了微微一笑，只当老先生是在说一些感激的话，并没有记在心上。几年后，乔治收到了一封挂号信，信中叙说了那个风雨交加的夜晚一对老夫妇的故事，另外还附有一张邀请函和一张去纽约的往返机票，邀请他到纽约一游。

在抵达纽约曼哈顿后，乔治在第49街和50街之间的路上遇到了那位老先生。这里矗立着一栋华丽的新大楼。老先生告诉年轻人说：“这是我为你盖的旅馆，希望你来为我经营！”

乔治惊讶不已，说话变得结结巴巴：“您是不是有什么条件？您为什么选择我呢？您到底是谁？”

“我叫威廉·阿斯特，我没有任何附加条件。我说过，你正是我梦寐以求的员工！”老先生郑重地告诉年轻人。

那家旅馆就是纽约最豪华、最著名的华尔道夫饭店。这家饭店在1931年启用，是旅客们极致尊荣的地位象征，也是各国的高层政要造访纽约下榻的首选。而接下这份工作的年轻服务生乔治·波特也成为了奠定华尔道夫世纪地位的著名企业家。

鲁宾逊孤岛生存的时代早已经过去，如今的我们，要随时随地想一想你手里的“陌生人”，学会主动对陌生人热情相待，主动把每一件事都做到完善，主动对每一个机会都充满感激。

7.用惊喜和感动创造朋友圈

从某种程度上来说，人脉经营是一种投资手段、理财方式，想要经营好你的人脉，最需要的就是真诚和善意。在索取和利用的同时，你还要懂得付出和"被人所用"，这样，你的人脉才会永远忠诚于你。若你满脑子都是利益，与人相交尽是虚情假意，谁还会乐意与你相交？更别说跟你合作、交好了。只为利己的人，根本不可能赢得真情实意，更不用指望他人的患难相助了。要知道，人脉之所以有用，是因为对方真心认同你，珍惜跟你之间的交情，所以才会在适当的时候助你一臂之力。

现实中有很多人人缘不错，认识的人也很多，但是在最需要帮助的时候，却"门前冷落鞍马稀"，这说明他在人脉经营上下的功夫还不到位，仅停留在酒肉和最表面的层次上，这样的人脉关系似有若无，就像再多的零叠加起来仍然是零一样。

要交朋友，首先要把自己的心扉向对方敞开，让别人了解你，看到你的心底，这样才能达到心灵的沟通、感情的共鸣。如果你对朋友有所保留，叫他人捉摸不定，就很难建立起交友的起码基础——信赖。没有信赖，对方自然不会向你敞开心扉，更谈不上心心相印。因此，直言不讳、坦诚相见是交知己的前提。

有一天，狐狸请仙鹤吃饭。可是，饭桌上没有肉，也没有鱼，只有一个平底的小盘子，里面盛了一些清汤。仙鹤的嘴巴又长又尖，根本喝不到小盘子里的汤；而狐狸的嘴巴又大又宽，一张嘴就把小盘子里的汤喝光了，还不停地发出"咂咂"的声音。

狐狸对仙鹤说："仙鹤，你吃饱了吗？味道不错吧？"聪明的仙鹤看出狐狸是故意耍弄自己，明知道自己不适合这样吃饭，却如此招待，所以它一句话没说就走了。

过了几天，仙鹤也请狐狸吃饭。狐狸还没有走到仙鹤家，就闻到了一股香味，馋得口水直往下流。狐狸赶快走进屋子，看见一个长脖子的瓶子里装了许多好吃的东西，都是狐狸最爱吃的。

仙鹤指着长脖子瓶子对狐狸说："今天请你尝尝我烧的好菜，请吃吧。"仙鹤又拿来一个长脖子瓶子，自己吃了起来。

狐狸急忙伸长脖子，把嘴伸到瓶口，可是瓶子的口很小，它伸啊伸，又宽又大的嘴巴怎么也伸不进去。

仙鹤吃完了自己的一份，抬头见狐狸这副模样，就问狐狸："咦，你怎么不吃？还客气什么？"

狐狸想起自己请仙鹤吃饭的事，很惭愧，脸涨得通红。

这个故事告诉我们，人与人之间需要更多的真诚，而不是自以为是的小聪明。《围炉夜话》里说："世风之狡诈多端，到底忠厚人颠扑不破，末俗以繁华相尚，终觉冷淡处趣味弥长。"意思是说，尽管社会上盛行尔虞我诈的风气，但说到底还是忠厚老实人能永远立于不败之地。腐朽的社会习俗以奢靡浮华为时尚，但毕竟还是在清净平淡之中体会到的淡泊趣味更为持久绵长。

尽管社会上"假"字风行，但我们绝不能因此丢弃诚实这一做人的准则，这对于整个社会的良性发展有利，也能更好地完善我们的品行，使我们正确地与人交往。

日本著名企业家吉田忠雄在回顾自己的创业成功经验时说："为人处世首先要讲求诚实，以诚待人才会赢得别人的信任，离开这一点，一切都成了无根之花、无本之木。”

在创业初期，他曾经做过一家小电器商行的推销员。开始的时候，他做得并不顺利，业务一直没有什么起色，但他没有灰心，而是坚持了下来。有一次，他成功推销出去一种剃须刀，半个月内同20位顾客做成了生意，但是后来他发现，自己推销的剃须刀比别家店里的同类型产品价格高，这使他深感不安。经过深思熟虑，他决定向这20家客户说明情况，并主动要求向各家客户退还价款上的差额。

他的这种以诚待人的做法深深感动了客户，客户不但没收价款差额，反而主动要求向他订货，并在原有的基础上增添了许多新品种。这使他的业务数额急剧上升，很快就得到了公司的奖励，也为他以后自己创办公司打下了良好的基础。

“精诚所至，金石为开”，一语道出了诚实所具有的巨大力量。一个成功的企业，不光要有正确合理的管理制度、明确的经营方针、和谐的团队合作，更重要的是要诚信务实。诚信不仅是每个人所应遵从的最基本的道德规范，也是处理好一个企业与顾客关系的准则。

商海行舟，诚信是根本。

一个犹太商人在集市上，从一个阿拉伯人那里买了一头驴回到家，在给驴洗澡的时候，驴脖子上掉下来一颗很大的钻石，光芒四射，家里人欢呼雀跃，认为这是上天赐予的礼物。当家里人兴高采烈地把这颗钻石带回家时，犹太商人却平静地说：“我们应该把这颗钻石还给那位阿拉伯人。”

家人感到不解，犹太商人严肃地说：“我们买的是驴，不是钻石，我们犹太人只能拿属于我们自己的东西。”第二天，犹太商人便把钻石送还给了那位阿拉伯人。

阿拉伯人见到钻石时很惊奇，对犹太商人说道："你买了这头驴，钻石在这头驴身上，那你就拥有了这颗钻石，不必还我，还是自己拿着吧。"犹太商人回答说："这是我们的传统，我们只能拿支付过金钱的东西，所以钻石必须还给你。"

犹太人坚信，诚信经商是商人最大之善，因此在生意场上，他们最看重诚信，对于不诚信的人，他们是无法原谅的。

实际生活中，凡是事业发展快、经济实力强的企业，谈起他们的成功之道，无不是"诚信至上，信誉第一"，那种不讲"诚信"的企业，只能取胜于一时，却不能取胜于一世。

经商之道，诚信是金，这才是立足商海的至理名言。

8.有钱大家一起赚，合作双赢才是长久之道

善待他人，是李嘉诚一贯的处世态度，即使是对竞争对手，他也是如此。香港《文汇报》曾刊登李嘉诚的专访，当时主持人问了他一个问题："俗话说，商场如战场。经历了那么多艰难风雨之后，您为什么对朋友，甚至是商业上的对手还能如此地坦诚、磊落呢？"

李嘉诚回答道："简单地讲，人要去求生意，就比较难做；如果生意跑来找你，则会容易很多。"他认为，一个人最要紧的是要有勤劳、节俭的美德。你可以对自己节省，但是对别人却要慷慨。他说："我的原则就是顾信用、够朋友。这么多年来，差不多到今天为止，任何一个国家的人，任何一

个省份的中国人,跟我合作之后都能成为好朋友,从来没有一件事闹过不开心,这一点,我很引以为荣。”

这其中,最典型的一个例子就是他和老竞争对手怡和的事情。当时李嘉诚帮助包玉刚购得了九龙仓,又击败置地购得中区的新地王,但是却并没有因此而与置地的老总纽壁坚、凯瑟克结为冤家。每一次战役后,他们都会握手言和,并联手发展地产项目。

追随了李嘉诚20多年的洪小莲在谈到他的合作风格时,说:“要照顾对方的利益,这样人家才愿与你合作,并期待下一次的合作。凡是与李先生合作过的人,哪个不是赚得盆满钵满!”

李嘉诚绝佳的人缘在竞争激烈的商场中,是一个奇迹,而他之所以能创造这个奇迹,在人际场和生意场上如鱼得水,也是得益于他对别人的善待,在获利的同时,也肯照顾竞争对手的利益。

俗话说得好:一个篱笆三个桩,一个好汉三个帮。尤其是在竞争激烈的商场,人缘和朋友更加重要。李嘉诚的经验告诉我们,照顾竞争对手的利益,并不是吃亏,而是共赢,在获得自己利益的同时,也能为自己留下一笔“人情储蓄”。

有人说,一个善于交际的人,必定是一个善于合作的人。在合作的基础上竞争,在竞争的基础上合作,这已经是人际交往的基本态势。如果只讲竞争,而不顾对方的利益,那么竞争必定是不择手段的恶性竞争和无序竞争,而人际关系的和谐也将无从谈起。

在如此残酷的环境中,我们应当怎么做才能既送人情,又得利益呢?

首先,不要只想着如何让自己享受,而不顾他人的感受,更不能以置对方于死地为乐。

其次,在考虑问题的时候,不能只为自己着想,而不顾及他人,或者是只顾眼前的利益,而不考虑长远的利益。

当遇到双方意见不统一的情况时，可跳出自己固定的思维模式，谋求一个折中的方案。比如，对利益分配方式有争议时，双方可以坐下来诚恳地协商，必要时，双方都应做出一定的妥协，各退一步，海阔天空。这样不仅能做到互惠互利，还能让对方对你心存感激，以后，他将会更愿意与你合作，而你得到的利益也将更多。

有钱大家一起赚，这是生意场上交朋友的前提，也是自己获得更大利益的前提。

如果你能在人际交往中自己先退一步，给足对方面子，自己在底线上留有一定的弹性，与对方利益共享，共谋发展，那你就一定能取得最佳收益，达到自己想要的目的。

/第四章/

道德决定一切

——好口碑是男人最珍贵的资产

1.纯善的品质比黄金更珍贵

如今,人们大大高估了金钱的力量,把金钱看得比什么都要重。有些人花钱如流水,希望借此展现他“显赫”的身份地位;另一些人则把金钱视作偶像来崇拜,以赚大钱为自己的最高人生目标。

在伦敦海德公园的一角,总是聚集着一大群人。每当前面有富人经过时,就会有人喊道:“嘿,那是老克罗齐,他走过来啦!”于是,人们呼啦啦分开一条通道,让富有的克罗齐先生经过,在身后留下一片啧啧赞叹声。有个人不无得意地向大家介绍起了这位大人物:"那位克罗齐先生可是大有来头。他经营着一家赌场,非常有钱,是个大阔佬!"语气非常自豪,仿佛是在介绍自己取得的成就一样。

格尔先生对此评价道:"一提到几百万英镑云云,有些英国人就会激动得心里发痒。那些人爱钱如命,事事锱铢必较,成天沉醉在钩心斗角的钻营算计里。出于这种卑劣心理,他们将一个人的出身、地位、习惯和追求等统统以金钱的多少来衡量。在财富、权力的追求过程中,英国人变得越来越势利,原本纯真高尚的品格渐渐变得模糊。他们沉浸在疯狂的投机欺诈中难以自拔,一个个经济泡沫在人们眼前出现,就好比震惊世界的铁路大投机。如此种种现象证明:对资本,对金钱的渴求和追逐,已经在世界的各个角落占据着无可取代的支配地位,取代了人们曾经的理想和高尚品质。"

是的,很多人羡慕富人,但多数富人是靠自己本事致富的。还有些人,为了成为富裕阶层一分子,他们费尽心思,俭省度日,恨不得能一分钱掰成两半花。有时候,为了获得更多收益,他们不惜以身犯险,去做些违法或违背道德的事。也许他们已经积攒了一大笔财富,甚至财富远远超过了他们所能享受的范围,可是,他们还想得到更多。在不断积累金钱的同时,他们终日苦思冥想,不停地烦恼这担心那。这样的人虽然拥有财富,但却不会享受生活,更不用说有高尚的思想境界了。

不计一切代价去争名夺利,似乎已经成为很多人的行事准则。金钱,令无数人为之痴迷,为之折腰,甚至超出了其他任何一种幸福,在这样的潮流面前,能够始终保持勤奋、坚忍和健康心智的人,必然是历经生活淬炼的人。

2.贪欲是众恶之本

虽然说没有金钱就不能生活，但是生活中绝不能只有金钱。面对金钱,人们只有两种选择:要么去驾驭它,做它的主人;要么被它驾驭,做它的奴隶。很显然,选择前者才是明智之举。可是在现实生活中,不少人选择了第二种。

赚钱是为了什么?也许很多人都会认为这是一个“笨问题”:赚钱不就是为了让自己的生活过得更好一些,更快乐一些,更幸福一些吗? 可是,当你整天都在为了钱而奔波的时候，是不是还记得自己最初的愿望呢?你真的得到快乐了吗?你真的感到幸福了吗?在金钱面前,你是否将自己的道德底线一降再降,最终落到卑鄙的深渊了呢?

追求金钱并没有错,正是在这种欲望的驱使下,人们才会去努力奋斗,去创造财富,错的是很多人在财富面前迷失了心志。他们不顾一切地去“掠取”财富,甚至行不仁之事,发不义之财,在欲望的旋涡中打拼、彷徨、挣扎,难舍难弃,无法自拔,终日为钱所累,也泯灭了自己的本性。

从前有个大财主,他非常富有,以至于不得不请来十几个账房先生为他管账。虽然拥有这么多财产,被很多人羡慕,但这个财主并不快乐,甚至每天都寝食难安,愁眉不展。为了赚更多的钱,他白天忙得不能睡觉,夜晚又兴奋得睡不着觉,还总是担心小偷来偷他的钱。而他的邻居中有一对穷苦的夫妇,他们靠卖豆腐过日子,尽管日子过得十分清苦,但老两口每天从早到晚却有说有笑,显得十分快乐。

每当听到老夫妇的笑声,财主都会觉得百思不得其解,不知道有什么事情能让他们这么高兴。为此,他跑去问他的账房先生:“为什么我这么富有却快乐不起来,而我的邻居那么穷却那么高兴呢?”一位账房先生回答说:“老爷,想知道答案其实很简单,你只需隔墙扔过去几锭银子就行了。”于是,富翁趁晚上夜黑无人,将50两银子扔到了豆腐店里。卖豆腐的老夫妇捡到了这笔比他们一生收入还要多的钱,自然欣喜若狂。接下来的日子,老两口忙着藏银子,又考虑如何花,还要担心被别人偷,失去了往日快乐的心境。从那以后,财主再也没听到隔壁传来的歌声和笑声了。这时,他才恍然大悟道:“原来让我不快活的,就是这些钱财啊!”

世俗的人们总是认为,金钱的多少是衡量一个人成败和存在价值的标准,这也正是为什么那么多人苦苦追求金钱的原因之一。但事实真的如此吗?一个依靠卑劣的手段发家致富的人,值得我们去尊敬吗?以守财奴葛朗台为例,他的一生都在为金钱所累,甚至为了钱可以不顾妻子和女儿的幸福。试问,这样的人活在世上是否有价值呢?

追求金钱本没有错,因为金钱可以让人们实现很多理想,得到自己想要的东西。但人生在世,并不是只有金钱才值得追求。倘若一个人的眼中只有金钱,日子长了,便会形成一种可怕的习惯,这种习惯主宰着他们的意识,控制着他们的思想,影响着他们的人生,直到有一天火烧眉毛了才会发现:原来这样的生活一点都不快乐,原来这样的人生一点都不值得。

一个欧洲观光团来到了一个原始部落,这里有很多具有当地特色的物品,引起了观光者极大的兴趣。其中,一位老者正在十分专注地做草编,那些草编看起来非常精致,观光团中的一位法国游客想:“这些草编一定会得到女人们的喜爱,引起疯狂的抢购。如果我把这些草编运回法国出售,一定能赚一大笔钱。”想到这儿,法国游客问老者:“请问,这些草编多少钱一个?”

老人回答说:“10比索。”

“天哪,这太便宜了!”法国游客看起来有些欣喜若狂,他接着问,“如果我要买10万个这样的草帽和10万个这样的草篮,又需要花多少钱呢?”他的意思是通过大量的购买,得到一个更低的价格,这样,他就可以在倒卖过程中赚到更多的钱。

可是出人意料的是,老者竟然不动声色地回答说:“如果这样的话,那我得收你20比索一件!”

周围的人都以为老者是在说胡话,法国游客自然也不例外,他几乎不敢相信自己的耳朵:“什么?20比索?这是为什么?”

老人生气地说道:“为什么?如果我要做10万个草帽和10万个草篮,那我就没有一点时间来做其他事情了,这样会让我觉得乏味死的!”

老人的回答,值得我们每个人深思,而他不为金钱所动的精神也实在让人佩服。若换成别人,得到这样的机会,可能早就高兴得忘乎所以了,即使是把自己忙得晕头转向、天昏地暗也在所不惜。可这位老人宁愿享受快乐,也不愿以金钱来换取单调的生活。在我们的周围,这样的人又有多少呢?

贪欲是众恶之本,是万恶之源。一旦产生贪婪之心,就会有很可怕的后果。一个国王若是过于贪婪,那么他的政权就不会稳固,一个官员若是过于贪婪,他的政治前途也不会红火太久;一个商人若是过于贪婪,则很可能会让自己葬身于“钱”海之中。

有位哲人说过:“生命就是一团欲望,当得不到满足时会觉得痛苦,可一旦满足了又会觉得无聊。”这句话是有道理的,但并不是完全正确的。欲望得不到满足时固然会痛苦,但那是因为还没有找到一个正确的解脱方法,这个方法就是:保持平常心,降低欲望。做到这一点,你便不会再感到痛苦。

3.利令智昏，必然上当受骗

《军谶》曰：“香饵之下，必有悬鱼。”军事作战的双方，无不是为利而战，因此，也容易为利所惑。而以谋取利，可以说是广大指挥员共同的主观愿望。

公元前314年，秦惠文王欲发兵攻齐，因齐楚结盟而不能如愿。于是，秦王派张仪赴楚游说，以“离齐楚之党”。张仪入楚，得知楚怀王的宠臣靳尚“在王左右，言无不从”，于是先以重贿于靳尚，然后觐见怀王。张仪说：“秦王派我来与贵国交好，可惜大王却与齐国通好，若大王与齐绝交，秦王愿把商於之地600里献给楚国。”贪利的楚怀王一听便动了心，他高兴地对张仪说：“秦肯还楚故地，寡人何爱于齐？”此事遭到了大臣陈轸的极力反对，而已得利的靳尚却为之辩护说：“不绝齐，秦肯与我地乎？”楚怀王遂以相印授张仪，并赐其良马、黄金。之后就与齐断交，同时派使臣随张仪去秦国接受商於之地。张仪回秦都咸阳后，称病不出，等到离间齐楚的目的达到后，便向楚臣道出他的骗局，说献给楚王的土地是6里而不是600里。楚怀王恼羞成怒，于公元前312年派10万大兵攻打秦国，结果兵败将亡，丢失楚地600里，真可谓偷鸡不成蚀把米，贪利不得反失利。

正如《兵经百篇·法篇》所云：“行兵用智，必相其利。”利与害总是密切相连的，“智者之虑，必杂于利害”，因此，能辩证地看待利害关系，权衡利弊，趋利避害，是每个决策者必须拥有的能力。一个优秀的决策者必须懂得把握全局,对每一个行动都兼顾利弊,始终处于主动地位;而那些楚怀王式的贪利之徒,见利忘义,必然为利所惑,成为“贪饵之悬鱼”。

以利诱之,使其就范,是重要的政治谋略之一。古往今来,不乏其例。若利令智昏,必然乱谋,从而上当受骗。

金钱的万能论在今天似乎得到了广大的认同。但是,那些推崇这种观点的人,是否意识到了这样的一个问题:人来到这个世界上不仅是为了金钱,过分地注重金钱,最终将会舍本逐末,越陷越深,不能自拔。

建国是个刚毕业的大学生,专业知识很扎实,可在求职时却一直不顺利。万般无奈之下,他找到了自己的叔叔,请他跟当地的一家知名化工企业的老板介绍一下自己,看能不能到他的化工公司工作。

没过几天,建国的叔叔就给他打来电话,说正在一家酒店和这位老板喝酒,让他赶紧过来跟老板见个面,老板现在也需要这样的专业人才,只要过了老板的法眼,工作这事就算定下了。

建国非常高兴,连忙打扮整齐,急匆匆赶到酒店,和叔叔、老板一起就座。席间,老板问了建国几个化工方面的问题,建国胸有成竹,对答如流,老板看起来十分满意,酒兴正浓,就又要了一瓶酒,3个人一起喝了起来。

宴席结束后,建国得意扬扬地等着公司给他打电话,可是几天过去了,却一直没有等到通知自己去报到的电话,于是,建国就给叔叔打电话询问情况。叔叔接了电话,告诉他那件事没希望了,老板不同意接收他。

“不同意接收?喝酒那天不是说得好好的吗?”建国愣了。

“这还不全都怪你自己!”叔叔气冲冲地说,“还记得最后要的那瓶酒吗?”

“记得,可我也没有因为喝多酒失态啊?”建国奇怪地问。

“那瓶酒的酒盒里放着一个礼品打火机，是不是你拿了？”叔叔问。

建国不解地说：“是啊，那个打火机也不是什么精品，根本就不值钱，他一个大老板怎么会缺这种东西？所以我就拿了。”

“问题就出在这里！”叔叔说，“老板说你这个人学问还行，就是太爱贪小便宜了，打火机一拿出来，你的眼睛就没离开过它。你既不抽烟，也不爱收藏打火机，但却对打火机那样专注，这只能说明你是个贪小便宜的人。这样的人，他是不敢用的，将来万一别人给你点儿小恩小惠，没人能保证你不会背叛公司。”

的确，老板并不稀罕那个打火机，但是建国对打火机的过分关注使老板产生了反感。逢光必沾、斤斤计较、爱贪小便宜的人无论走到哪里，都是不受欢迎的。

古人有言：天下熙熙皆为利来，天下攘攘皆为利往，但正确的金钱观却是：金钱不是万能的，但没有钱却是万万不能的，物质是生活的基础，没有钱会寸步难行。人们的日常生活、衣食住行，哪一样也离不开钱。

然而君子爱财，也要取之有道。有的人对钱的渴盼达到了极致，认为拥有钱就可以拥有一切，“有钱能使鬼推磨”。为了得到更多的金钱，一些投机分子便铤而走险，以身试法，钻法律空子。这样做，也许在短时间之内能大发横财，但法网恢恢，疏而不漏，他们最终的结果必定是难逃法律的制裁。

在学生时代，许松可谓是个风云人物，无论老师还是同学都对他赞誉有加。大学毕业后，他进入某公司工作，平时常听到身边的同事说买了什么车，又买了一套房，渐渐地，他的心里有了落差，感到愤愤不平：“凭什么都做一样的工作，他们能开好车、住豪宅，而我就不能呢？”虽说每个月的工资不低，可要买好车、豪宅还不知道要等到什么年月。他也曾想过要跳槽，凭自己的本事每月多赚些，心安理得地生活，可转念一想，自己现在手上管着公司那么多钱，为什么不先赚一笔呢？等有钱买了车、买了房再跳槽也不迟。罪恶的念头就这样产生了。

有了想法之后，他便开始着手实施自己雄心勃勃的计划。他利用自己担任公司出纳的职务便利，将公司资金转账至其本人在银行的个人账户，然后再转至其股票账户，用于炒股。但股市有风险，几进几出，账户内的钱一下子赔了不少。为了防止被公司发现，他采用月初挪用资金，月底将钱还入公司的方法，将账做平。但这样常常要在还钱的时候忍痛割肉出售股票，结果亏得更厉害了。为了扭转日益亏损的局面，他开始挪用更多的资金，加大股本，以期翻身，但结果不是套牢，就是亏掉。就这样，许松挪用的公司资金越来越多，漏洞越来越大，没过多久，其挪用的公司资金就达到了数百万元。走投无路的他猛然醒悟，向警方投案自首。

美好幸福的生活是靠脚踏实地的勤劳获取的，靠投机取巧牟取暴利，只图一时之快，最终必定会时时活在心不安、理不得的“半夜生怕鬼敲门”的噩梦之中。

无论是君子也好，凡夫俗子也罢，在获取财物的时候，都要遵纪守法，符合做人的原则和品行，任何存在侥幸心理的行为都将付出沉重的代价。只有通过自己的诚实劳动得到钱财，才能心中坦然，受之无愧。

战国时期，某一天，齐国国王派人给孟子送来了一个箱子。孟子打开箱子一看，里面竟然装的全是金子。孟子立刻叫住来人，坚持不收，并让他们抬走了这箱金子。第二天，薛国国王又派人送来五十镒金，这回孟子却欣然接受了。

孟子的弟子陈臻把这一切都看在心里，觉得非常奇怪，忍不住问道：

“为什么您昨天不接受齐国的金子,今天却接受薛国的金子呢?如果说您今天的做法是对的,那么您昨天的做法就是错的;如果今天的做法是错的,那么昨天的做法就是对的。可到底哪个是正确的呢?”

“我自然有我的道理。薛国周边曾经发生过战争,薛国国王请求我为他就设防之事出谋划策,今天他送来的这些金子是我应得的;至于齐国国王,我从来没有为他做过什么事情,这一箱赠金到底有何含义,我不清楚。但有一点是可以肯定的,那就是齐国想收买我。可是,你何曾见过真正的君子有被收买的?”孟子解释说。

陈臻似有所悟:“原来辞而不受或者坦然接受,都是根据道义来决定的啊!”

随着经济社会的高速发展,人与人之间的贫富差距越来越大,现实中的各种诱惑也会对人们心灵的宁静产生越来越大的影响。面对财富诱惑,许多人都会定力不够,于是利欲熏心,进而不择手段。但正所谓“君子爱财,取之有道”,那些“取之无道”的人最终必将害人又害己。

4.有荣耀不独享,有功劳不独吞

身在职场,你要时刻记住这句话——功劳是大家的,责任是自己的。有了荣誉,一定要记住与他人分享,千万不要企图独自吞食。即使这是你凭一己之力得来的成果,也不可“吃独食”。

现代社会充满竞争,一旦你踏入工作岗位,面临的就是同事之间的竞争。竞争的结果无非两种：一种是让你变得更优秀；另一种则是你不适应这种竞争，最终被淘汰出局。

在刚进入公司时，需要你主动去发现，去了解周围的同事。同时，周围的人们也肯定在注视着你。要想立足，首先就要用竞争的姿态去适应工作环境。但是，不要因为竞争而影响同事之间的感情，这其中的尺度，就需要你自己把握了。

谁都希望自己能取得荣誉和成功，但是，如果你无视别人，就很难在职场立足。因此，不要感叹上司、同事和下属度量狭小！其实，造成这种局面的根源还是在于你自己。在享受荣誉的同时，不要忽略别人的感受。每个人都认为在别人的成功中有自己奉献的一份力量，而你却傻乎乎地独自抱着荣誉不放，如此，别人当然不会为你自私的做法而感到舒服。

美国有个家庭日用品公司，近几年来生产发展迅速，利润以每年10%~15%的速度持续增长。这是因为公司建立了利润分享制度，将每年所赚的利润，按规定的比例分配给每一个员工。这就是说，公司赚得越多，员工也就分得越多。员工明白了"水涨船高"的道理，自然人人奋勇、个个争先，不仅积极生产，还会主动地检查出产品的缺点与毛病，加以改进和创新。

当你在职场上小有成就时，当然值得庆幸，但是你要明白：如果这一成绩的取得是集体的功劳，离不开同事的帮助，你就不能独占。

老王是一家出版社的编辑，同时兼任该社下属的某类杂志的主编。平时在单位里与上下级关系不错，而且他很有才气，在工作之余也经常写点东西。有一次，老王主编的杂志在一次评选中获了大奖，他感到荣耀无比，逢人便提自己的努力与成就，同事们自然也向他祝贺。但过了一个月,老王却失去了往日的笑容,因为他发现单位同事,包括他的上司和属下,似乎都在有意无意地和他过意不去,并处处回避他。

后来,老王才发现,他犯了"独享荣耀"的错误。就事论事,这份杂志之所以能得奖,主编的贡献当然很大,但也离不开其他人的努力,其他人也应该分享这份荣誉,而老王的"独享荣耀",当然会使其他的同事内心不舒服。

因此,当你在职场上受到肯定时,一定不能独享荣誉,否则这份荣耀将会为你的职场关系带来危险。当你获得荣誉后,应该学会与其他同事分享。对待荣誉的正确方法是:与他人分享、感谢他人、谦虚谨慎。

在职业生涯中,最完美的处世之道就是当你的工作和事业有了成就时,千万记得不要"吃独食"。要让自己拥有团队意识,摒弃"自视清高"的作风,换之以"众人拾柴火焰高"的职业意识。只要注意到这一点,你获得的荣耀就会助你更上一层楼,而你的人际关系也将更进一步。

大大方方地和同事分享功劳,一方面可以做个顺水人情,另一方面,你的上司也会认为你很懂得搞好人际关系,而给你更高的评价。可是分享功劳的手法必须做得干净利落,不可矫揉造作,更不可对同事抱有"施恩"的态度,或希望下次有机会讨回这份人情。

5.别在失意者面前炫耀你的得意

人生得意须尽欢,如果你处于"春风得意马蹄疾"的状态,要你闭口不谈确实有些不近人情,但是,在表达你的得意时,一定要看场合和对象。

在现实生活中,有些人总喜欢炫耀自己,他们认为自己的学识高人一等,能力胜人一筹,所以每遇亲朋好友,都会迫不及待地大肆吹嘘自己的心得、经验,却不知这样常会令一旁的好友感到不知所措。

举个例子来说,一个擅长做事的人,看到不会做事的人,很可能会揶揄他一番:"你的脑子不够用吗?"但这话必定不会让对方感到愉快。所以,当你开口说话时,不管是什么内容,都要注意别让对方产生自己被比下去的感觉。

有一天,王强约了几个朋友来家里吃饭,这些人都是他以前的旧友。他把他们聚集在一起,主要是想借着热闹的气氛,让目前正处于低潮的李建心情好一点。

李建不久前因经营不善,不得已将公司关闭,妻子也因为不堪现在的生活压力,正与他谈离婚的事,内忧外患,他的日子过得非常苦恼。

来吃饭的朋友都知道李建目前的遭遇,因此大家都避免去谈与事业有关的事。可是,其中一位因为目前赚了很多钱,正是得意的时候,酒一下肚,就忍不住开始大谈他的赚钱本领和花钱功夫,那种得意的神情,连王强看了都有些不舒服。正处于失意中的李建低头不语,脸色非常难看,一会儿去上厕所,一会儿去洗脸,最后找了个借口提前离开了。

王强送他到巷口的时候,他很生气地说:"老姜会赚钱,也不必在我们面前说嘛!"

王强非常了解他此时的心情,因为他以前也经历过事业的低潮,当时也有正风光的亲戚在他面前炫耀高额的薪水、高档的房子、名贵的汽车,那种感受,就如同把针一根根插在他心上,说有多难过就有多难过!

因此,切记不要在失意者面前大肆炫耀你的得意,最好彻底避免去谈论相关的话题。因为失意的人最脆弱,也最多心,你的每一句话在他听来都充满了讽刺与嘲弄的味道。

当然,也有些人不会在乎,你说你的,他听他的,但这么潇洒的人毕竟不太多。对于大部分失意的人来说,你对得意现状的诉说,本身就是一种伤害。

一般来说,失意的人没有什么攻击性,郁郁寡欢是最普通的心态,但别以为他们只是如此。听了你的得意后,他们普遍会有一种心理——怀恨。这是一种转移到心底深处的、对你的反击,在你唾沫横飞之时,已在失意者心中埋下了一颗炸弹。

失意者对你的怀恨不会立即显现出来,因为他无力显现,但他会通过各种方式来泄恨,例如说你坏话,扯你后腿,故意与你为敌,其主要目的就是看你能得意到几时。而最明显的则是疏远你,避免和你碰面,以免再见到你,于是,你在不知不觉中,就失去了一个朋友。

不管失意者所采取的泄恨手段能对你造成多大的损失,至少这是你人际关系上的危机,对你绝对是没有好处的。

智者曾说:“不要在一个不打高尔夫球的人面前,谈论有关高尔夫球的话题,那样不会让你显得博学,反而会让你显得更加无知。”同样的道理,也不要在失意者面前讨论你的得意,即便你“说者无意”,也难免他“听者有心”,认为你是在自我炫耀,无视他的存在或鄙视他的无知,使他从此忌恨于你。

6.淡化自己的“优位”

从心理学角度来看,所谓淡化优位就是淡化嫉妒:当自己明显比别人强时,在感情上,你还是要和大家在一起,这样别人就不会再嫉妒你了,也会认为你是靠自己的努力得来的地位。

(1)在介绍自己的优位时,应强调外在因素以冲淡优位

你的单位需要一个人去单独办事,别人去没办成,而你却一下子就办妥了。这时,你若开口闭口“我是怎么说,怎么做的”,只能显出你比别人技高一筹,聪明能干,很容易招致嫉妒;你若说“我能办妥这件事,是因为我卖力肯干”,就容易让人觉得你认为你处于“优位”是理所当然的,从而会嫉妒你的能干;但你若说“我能办妥这件事,一方面是因为XX之前去过了,打下了基础,另一方面也多亏了XXX的大力帮助”,这就将办妥事的功劳分给了“我”以外的外在因素“XXX”,从而使人产生“这个人还算有良心,还没忘了我的苦劳,我要是有群众的大力帮助也能办妥”这样借以自慰的想法,心理上得到了暂时的平衡,从而在无形中淡化了你的“优位”。

(2)当言及自己的“优位”时,应谦和有礼,以淡化“优位”

人处于“优位”,本身是件好事,加上别人一奉承,更是容易陶醉其中,喜形于色,激化别人的嫉妒情绪。所以,面对别人的赞许,应谦和有礼,这样,不仅能显示出自己的君子风度,淡化别人对你的嫉妒,还能博得他人对你的敬佩。

“小李毕业刚一年多就提了业务厂长,真了不起,大有前途呀!祝贺你!”小李的同学,在外单位工作的小张十分钦佩地说。“没什么,没什么,

老兄你过奖了。主要是我们这儿水土好，领导和同事们抬举我。”小李见同一年大学毕业的小王还在办公室里，便压抑着内心的欣喜，谦虚地回答。小王虽然也嫉妒小李得到提拔，但见他这么谦虚，也就笑盈盈地主动招呼小张：“来玩了？请坐啊！”

小李得体的回答缓和了可能出现的矛盾，试想，他如果说什么“凭我的水平和能力早可以提拔了”之类的话，小王的反应绝不会那么友善。

(3)不宜在“优位”者的同事、朋友面前特意夸奖“优位”者

显然，谁都希望处于“优位”，并得到他人的夸奖，但事实上，总会有人不能如愿。当同事、朋友各方面条件都差不多时，其中有人处于“优位”，别人若不提及，有时还不觉得；一旦有人提起，其他人听了就会不好受，难免妒火中烧。所以，一定不要在“优位”者的同事、朋友等人面前特意夸奖“优位”者。否则，不仅会引发和加强其对“优位”者的嫉妒，还可能同时嫉妒你与“优位”者的“密切关系”。

某单位的宣传部干事小张在较有影响的报刊上发表了几篇理论文章。在团委工作的小高在工会宣传干事小王面前羡慕地夸奖道：“小张真不错，最近又有一篇文章在某某刊物上发表了！”小王顿时敛住笑容，酸溜溜地说：“他有那么多闲工夫，发两篇文章有什么了不得的？”小高见状，自知失言，只好尴尬地点头笑了笑，然后走出了工会办公室。

这里，小高犯了大忌：在可能产生嫉妒的敏感区又增添了引发嫉妒的“发酵剂”。

(4)突出自身的劣势，故意示弱以淡化“优位”

如同“中和反应”一样，一个人身上的劣势往往能淡化其优势，给人以“平平常常”的印象。当你处于“优位”时，若能注意突出自己的劣势，就会

减轻嫉妒者的心理压力，产生一种“哦，他也和我一样无能”的心理平衡感，从而淡化乃至免去对你的嫉妒。

比如，你是大学刚毕业的新教师，对最新的教育理论有较深的研究，讲课亦颇受学生欢迎，以至引起了一些任教多年却缺乏这方面研究的老教师的强烈嫉妒情绪。这时，你若能坦诚地公开、突出自己的劣势，如教学经验不足、对学校和学生的情况很不熟悉等，再辅以“希望老教师们多多指教”的谦虚话，无疑会有效淡化自己的“优位”，衬出对方的“优位”，减轻、弱化老教师对你的嫉妒。

(5)不要当众说“我们怎么怎么”，而给人以“厚此薄彼”之嫌

在众人面前谈及某群体中的某人时，你若说“我们很要好”“我俩情同手足”“我们和你们单位的某某交情很深”之类的话，对方就很容易产生“你厚他薄我”的冷落感。因为这种复数关系称谓具有明显的排他性，对方会觉得被你称为“我们”中的人员是“优位”从而滋生嫉妒。

(6)强调获得“优位”的“艰苦历程”，以淡化嫉妒

通过艰苦努力所取得的成果很少被人嫉妒。如果我们处于“优位”的现状确实是通过自己的艰苦努力得到的，那么不妨将此“艰苦历程”诉诸他人，加以强调以引人同情，减少嫉妒。

比如，在邻居、同事还未买车的时候，你却先买了。为了免受“红眼”，你可以这么说：“我买这车可不容易。你们知道我节衣缩食积攒了多少年吗？整整6年啊！我们夫妻俩都是低工资，一毛钱一毛钱攒，连场电影都舍不得看，太难了……”

听了这些话，对方就很难产生嫉妒之心，相反，或许还会报以钦佩的赞叹和由衷的同情。

7.吃亏是福,舍得是财富的金钥匙

人们常说吃亏是福,但能够真正做到这一点的人,都有一种非常崇高的境界。人都有利己之心,面对诱惑、选择都会不自觉地趋利避害。大多时候,我们会认为,确保自己的利益,争取更多的回报,是一个人能力的体现,是成功的标志。然而,真正的大智慧却是学会吃亏。可以说,做生意、做人的可贵之处都在于能够吃亏。

在当今市场竞争日趋激烈的情况下，假如一门心思只想掏客人的口袋而不为其提供优质的服务,这条赚钱之路恐怕就难以长久。因此,想要做成生意就要先学会给予,在给予的过程中既要果断决策,又要准确预测市场,只有这样,明天的市场中才会有你立足的地方。

20世纪90年代初,日本“佳能”相机进军中国市场。然而,它的动作慢了一步,别的牌子的相机早已挂上了中国摄影记者们的脖子。

然而,佳能公司发现,中国众多的摄影工作者、爱好者只能从资料上了解佳能EOS相机的性能,从商店的橱窗里看到它的模样。对此,佳能公司上海事务所想出了一个妙招：把大批佳能EOS借给上海记者免费使用40天,并请维修部的专家讲解它的功能。

1992年夏天,上海各大报社的摄影记者用上了佳能EOS照相机。型号从EOS1到EOS1000应有尽有,并配有各种款式的镜头,每个上面都贴有一张“佳能赞助器材”的标签。记者们开始时用得小心翼翼,后来便随心所欲地拍了起来。40天匆匆而过,记者们送还相机时都恋恋不舍。

不久,有些记者就通知佳能公司上海事务所,准备购置一批EOS。佳能公司以欲取先予的策略，终于打开了中国的市场之门。

不精明的商人做不好生意，但也不能过于精明。要知道，在商业活动中锱铢必较，无论谁是谁非，最后都只能一拍两散。想赚钱难，想长期赚钱更难。过于精明，只考虑到眼前的利益，就不会有之后的长久利润与长远发展。眼界与心胸决定事业的大小，有舍才有得。

上天绝不可能把所有的利益都给予一个人，要想获得长远的利益，就要舍弃独得之心。这是为人之本，也是经商之道。

现实中有不少财聚人散、财散人聚的鲜活事例。人人心里都揣着一杆秤，你怎样对待别人，别人就会怎样对待你。算计蝇头小利的人，暂时会得到一些好处，可那点儿利益并不会对你的生活质量产生多大影响，却会让你永远失去一个宝贵的机会。若让别人得了好处，他嘴上可能不会说，心里却会记着这笔账，这笔账会使你在他心中的形象变得更高大，从而为日后事业的发展奠定良好的基础。

舍得舍得，不舍不得。要想获得更多的财富，在该舍弃时就一定不要心疼，在该投资时就一定不要怕花钱。

一个生意人来到一个小镇推销鱼缸，但是小镇的人们很少有养观赏鱼的经验，而且都没有把鱼长久养活的信心。尽管他的鱼缸做工精细、造型精巧，但是在小镇推销了很久也没卖出多少。

为了尽快卖掉鱼缸，生意人想了一个办法。他在花鸟市场上向一个卖金鱼的老头订购了500条小金鱼。卖金鱼的老头很高兴，他卖金鱼多年，生意一直不好，没想到这次一下子就卖了这么多。

生意人让老头帮助他把金鱼带到流经小镇的水渠的上游，然后对他说："把这500条金鱼全部投放到水渠里。"卖金鱼的老头十分不解。商人说："你尽管放，买鱼的钱我一分也不会少给你。"于是，卖金鱼的老头把所有的金鱼都投放到了那清波荡漾的水渠里。

没过半天,这条消息就传遍了整个小镇。镇上的人争先恐后涌到那条水渠边看热闹,许多人还跳到水里捕捉金鱼。捕到金鱼的人,会立刻兴高采烈地去街上买鱼缸;而那些没有捕到金鱼的人,也纷纷涌上街头抢购鱼缸。他们想,既然水渠里有金鱼,虽然自己暂时没捕到,但总有一天会捕到,那时鱼缸就能派上用场了。卖鱼缸的商人虽然把售价抬了又抬,但他的鱼缸还是很快就被人们抢购一空。

商界有句古训:“愚者赚今天,智者赚明天。”又有俗话说:舍不得孩子套不住狼。这些话实质上都反映出“将欲取之,必先予之”的道理。

/第五章/

自我营销

——每个男人都是“潜力股”

1.机遇不等人,善于推荐自己很关键

身为男人,你不仅应该是一个伟大的制造商,能够生产立足社会最需要的“产品”,还应是一个伟大的推销员,善于使人认识和接受自己的“产品”,把自己“推销”出去。

很多人由于受到传统观念的影响,有一种极其矛盾的心态和难以名状的自我否定、自我折磨的苦楚。在自尊心与自卑感的冲撞下,他们一方面具有强烈的表现欲,另一方面又认为过分地出风头是卑劣的行为。但

在竞争激烈的今天,想做大事业,必须放弃那些不痛不痒的面子问题,更新观念,大胆地推荐自己。

勇猛的猎豹,通常都把它们尖利的爪牙露在外面。巧妙而适度地推荐自己,是变消极等待为积极争取、加快自我实现的不可忽视的手段。精明的生意人,在想把自己的商品推销出去的时候,总会先吸引顾客的注意,让他们知道商品的价值。

要想恰如其分地推销自己,就应当先学会合理地展示自己,最大限度地表现出自己的优势,给人生的每个阶段一个合理的定位,然后信心十足地为自己创造全方位展示才能的机会。

对于一个刚刚毕业的大学生来说,一定要学会推销自己。如果你和其他同期毕业生一样,只会到处散发履历表,墨守成规地做事,那么也只会是平庸地发展。如果你想在短期内就有好消息,就必须另辟蹊径,勇敢地推荐自己。对于那些已经有了一定事业基础的人来说,建立一个受公众欢迎的形象是一种长期投资,对事业的长远发展具有不可估量的价值。

我们之所以要主动推荐自己,引起别人的关注,主要是因为机遇可遇而不可求,且稍纵即逝,如果你能比同样条件的人更为主动一些,机遇就更容易被你掌握。因此,主动出击是俘获机遇的最佳策略。另外,通常出现的情况都是伯乐在明处,“千里马”在暗处,“千里马”多而伯乐少。伯乐再有眼力,他的精力、智慧和时间都是有限的,盲目而被动地等待可能会耽误你的一生。

既然我们都知道“守株待兔”的行为是愚蠢的,那就没有必要去坐等“伯乐”的出现,而应该主动寻找“伯乐”。更值得注意的一点是,时代在前进,岁月不饶人,随着新人辈出,每个立志成才者都应考虑到自己所需付出的时间成本。一次机遇的丧失,便可导致几个月、几年甚至是一辈子的籍籍无名。明白了这个道理,你就会有一种紧迫感,就会在行动上更多几分主动,以便争取到更多的机会,使更多的人来注意自己。

但是,毛遂自荐对很多人来说并不是一件容易的事情,这需要一定的胆识和勇气。只有勇敢的、不畏惧失败的人,才有展示自己、推销自己的勇气。

歌王帕瓦罗蒂到中国来访问演出的时候，去北京中央音乐学院与学生进行交流。每个学生都在争取机会,以求得在这位歌王面前一展歌喉。要知道,这可是一个难得的机会,哪怕只是得到歌王的一句肯定,也足以引起中外记者们的大力宣传,从而加快自己在歌坛的发展。

在学院的一间教室里,帕瓦罗蒂正耐心地听学生演唱,但对他们的表现却不置可否。正在沉闷之时,窗外有一男生引吭高歌,唱的正是名曲《今夜无人入睡》。听到窗外的歌声,帕瓦罗蒂的眉头舒展开了:“这个学生的声音像我。”接着他又问校方陪同人员:“这个学生叫什么名字?我要见他!并收他做我的学生!”这个在窗外唱歌的男孩就是从陕北山区来的学生黑海涛。以他的资历和背景,很难有机会见到帕瓦罗蒂,他只能凭借歌声推荐自己。后来,在帕瓦罗蒂的亲自安排下,黑海涛得以顺利出国深造。1998年,意大利举行世界声乐大赛,正在奥地利学习的黑海涛又写信给帕瓦罗蒂。得到消息的帕瓦罗蒂亲自给意大利总统写信,推荐他参加音乐大赛,黑海涛在那次大赛上获得了名次。黑海涛凭着他敢于推荐自己的勇气和不断努力的精神,在他的音乐道路上取得了非凡的成就。

这似乎是一个奇迹，但这个成功的例子也足以让一些总觉得自己怀才不遇的人沉思了:机遇稍纵即逝,善于推荐自己很关键。著名数学家华罗庚曾说过:“下棋找高手,弄斧到班门。”他认为,应敢于在能人面前表现自己,敢于和高手“试比高”。当他在乡镇小店里自学时,就敢于对大数学家苏家驹的理论提出质疑。正是凭借这种可贵的精神,华罗庚才得以早早闯进数学王国的神秘宫殿。

机会在很多时候是由我们主动争取的，那些不敢也不愿意推荐自己的人，往往会与机会失之交臂。所以，如果你是一个真正有才华、有特长的人，在关键的时候千万不要过分“压制”自己，要适时做好自我推荐，以求得发展的机遇。

2.给对方留下美好的第一印象

在体育竞赛中，命运总是钟情于跑得最快的马、实力最强的队或技艺最高的运动员。

在智力竞赛中，命运垂青的总是进入预期对象头脑里的第一个人、第一种产品……

你不妨问自己几个问题，看看这个原则是否有效。

第一个独自乘气球飞越北大西洋的人叫什么名字？基汀格。

那么，第二个独自乘气球飞越北大西洋的人叫什么呢？

第一个在月球上行走的人叫什么名字？当然是尼尔·阿姆斯特朗了。

第二个做这壮举的人姓甚名谁？

世界上最高的山峰叫什么？喜马拉雅山的珠穆朗玛峰。

世界第二高峰叫什么？

……

第一人、第一峰、第一个占据人们大脑的公司名称是很难被从记忆里抹去的。

第一印象具有鲜明、深刻等特点，因此，第一印象的好坏直接关系到交际能否顺利进行。

要给对方留下美好的第一印象，社交者首先应注意自己的外貌和举止。外貌包括衣着、发型等。一个成功的社交者,其衣着应符合自己的身份,并要根据自己的年龄、身材来决定服装的样式与色彩,做到贴身、整洁、美观、大方。发型则要考虑自己的脸形、职业,以自然端庄取胜。

在交际中，优雅的举止是社交的润滑剂，能起到推进交际进行的作用。举止不当是缺乏修养、没有风度的表现,会影响自身的形象塑造,引起对方的不快,不利于社交的进行。

在第一次会面时,首先要强调举止大方。大方举止是自尊心、自信心的外在表现。交际者行为大方、动作洒脱,给对方留下的印象就会是开朗、坦率的,这也会进一步刺激对方的交往欲望,从而向你打开心灵的大门。

在社交中,由于交际双方处于平等地位,因此第一印象的好坏不仅与交际者本人的容貌举止、应酬答对有关,还与对方的性格特征、年龄职业有关。这就要求你在交际时细心观察,注意发现对方反映出来的心理特征和性格爱好,做到用对的钥匙打开对的锁。如对方活泼好动、善于交际，交际者就要在大方稳重的基础上注意语言的流利和谈吐的幽默;倘若对方安静稳重、沉默寡言,交际者的行动就不能大大咧咧、毛手毛脚,而宜进行推心置腹式的谈心,语言风格应含蓄文雅,并力求词能达意。根据不同对象的特点采取不同的交际方法,容易使对方感受到交际者的一片真诚,从而留下良好的第一印象。

第一印象在商业交际中尤其重要。因为商务交际的节奏要远远快于一般交往;再者,大家都懂得商界有风险,所以打交道也特别谨慎。前者决定了人们在商务交际中不愿浪费时间，喜欢速战速决的心理；后者则决定了在商务交际中,双方不可能一下子就亲密无间。所以,第一印象显得特别重要,因为处理不当就会错过机会,或者使对方更加防范。

好在第一印象是能够创造的,你可以根据时间、地点、交际对象的情况来创造环境和气氛,在别人心目中建立一种好的印象。

一般说来,初次见面,要留下好印象需注意下面几点:

(1)按照对方习惯的方式行事,不对对方的生活习惯构成威胁。

(2)做对方喜欢的事,不做对方不喜欢的事。

(3)证明别人的看法和观点是对的,而不是强求别人接受自己的看法和观点。

(4)你是否是对方喜欢打交道的那种人。

(5)你的举止言谈和对方最不喜欢的那类人没有共同之处。

这几条归纳起来,可以称为"一致原则""讨好原则""合作原则""期待满足原则"和"安全原则"。

显然,这五项原则对不同的人有不同的要求。这一方面说明生活和人是复杂的,并没有统一的模式;另一方面也说明创造好印象是绝对可能的。不管你本人的条件如何,只要你摸清了情况,把握住对方的心理,就一定能够创造奇迹,给对方留下美好的印象。

这种好印象往往来自以下几个方面:

(1)尽可能了解对方,这是创造良好第一印象的基础

擅长交际的人在交际前都极注意收集对象的资料, 从商务状况到个人爱好都非常重视。这也就是说,所谓"第一次见面"只是表面上的,实际上并不是对对方一无所知,一切都不过是"装着不知道"而已。比如,与一位四川人一起吃饭,你若有意无意地向对方大大赞美一番川菜而对方并不认为你知道他是四川人,一定会得到良好的反馈。

所以,你完全可以"制造"一个机会,策划好一个小事件,来给对方留下深刻的第一印象。

有一本纪实小说中写了这样一个情节:1960年夏天,一个星期六的下

午,一位五官端正、衣着时髦的青年手捧一束红玫瑰,礼貌地敲开了一间公寓的门。公寓的主人是任职于联邦德国外交部的年轻女秘书海因兹。她谨慎地打开门,面对这位不速之客,她不知所措。难堪之余,这位男士连连道歉:“我敲错了门,这是个误会,请原谅。”然后转身离去。未走两步,又转身走过来对海因兹说:“请收下这束鲜花,作为我打扰你的补偿。”海因兹盛情难却,把他请进房里,两人就这样认识了。实际上,这个偶然的误会是男青年早就策划好的。但要注意的是,这样的善意“欺骗”要以不伤害对方的自尊为前提。

还有两个小技巧,可以让你“快速”进入对方的大脑。

第一,制造自然接近对方身体的机会。

每个人对自己身体四周的地方都会有本能地防范,而这个范围通常只允许亲近之人接近。所以,若你能自然地进入对方的“势力范围”,对方就会有种已经承认和你有亲近关系的错觉。推销员就常使用这种方法,他们经常一边谈话,一边很自然地移动位置,挨到顾客身旁。

当然,在接近对方的时候一定要自然,若显得刻意就会弄巧成拙。

第二,在初次见面时,选择位于交往对象旁边的位置。

和初次见面的人面对面谈话并不是一件好受的事,因为两人的视线极易相遇,这会导致两人之间的紧张感增加。一位富豪曾经谈起,如果有他不喜欢的人向他借钱,他就会和他面对面交谈。因为这样谈话会使对方紧张而不敢开口。

在与人交谈时,坐在旁边的位置,能很自然地感到放松,这是因为不必一直处于对方的视线之内,只在必要时与他对视即可。坐在对方旁边的位置与之交谈,对增加亲近感也很有帮助。因此,若想拉近和初次见面的人的距离,最好避免和他面对面交谈,而应尽量坐在他旁边的位置,这样能令对方的视线有转移之地,同时因为不会产生紧张感,所以能很快建立亲近感。

(2)营造好的气氛

这里所说的气氛有两方面的意义:一方面是让对方感到舒服,符合对方的爱好;另一方面是让对方了解你的格调。

在谈话时,不要过于严肃或带着架子,如能幽默一点,效果会更好。有的人自我感觉很好,而且各方面条件确实不错,但常在与人搭讪时遭到冷遇,自讨没趣。这就是因为他太有优越感,总高高在上,谈起自己眉飞色舞。即使你取得了巨大成功,但若总是不厌其烦地向别人炫耀,只会令人敬而远之。一般而言,人们对那些经历坎坷、屡遭不幸而最终出人头地的人更容易产生同情、亲密和佩服。因此,政治家或歌星,为了提高知名度和赢得支持,往往会再三渲染自己为取得成功所付出的巨大努力或童年的不幸遭遇。这实际是一种技巧,即用所谓心理学上的通感现象来赢得人心。

(3)制造话题

让对方有话可说,发挥对方的长处,这样才能显示出自己的兴趣正好和对方相一致。“物以类聚,人以群分”,每个人的社交圈实际上都是以自己为圆心,以共同点(年龄、爱好、经历、知识层次等)为半径构成的无数的同心圆。共同点越多,圆与圆之间交叉的面积越大,共同语言也就越多,这样就越容易引起对方的共鸣。比如,同班同学就比同校同学亲密;同宿舍的又比同班的更要好;同桌比同宿舍的更容易建立起牢固的友谊;如果既是同桌又是老乡,那简直可以成为铁哥们儿。因此,在与他人搭讪时,一定要留意双方的共同点,并不断把共同点扩大,这样对方谈起话来才会兴致勃勃,谈话才会深入持久。

美国电影《丛林历险记》中有这么一段情节:彼此陌生的男女主人公坐在火车上。男主人公对坐在对面的女士颇有好感,于是他开始无话找话:“小姐,请问您要去哪里?你没带行李,估计不是出来旅行的吧。”女士回答:“我去菲尔德镇,没必要带行李。”“哦,菲尔德镇,那可是个风景优美的好地方,难道不是吗?”女士笑着点了点头。那位先生又说:“对了,车站边的那个咖啡馆还在吗?一年前我去过一次,那儿的咖啡味道真是棒极了!”女士:“是的,我周末也常去那里,气氛挺不错,布置得也很有情趣……”

就这样,双方从一个小镇谈到咖啡、共同的爱好、对方的姓名、生活经历等,共同点不断扩大。待女士下车时,他们已经成了一对依依不舍的朋友了。

搭讪中,切不可大肆吹嘘自己,这只会令对方反感。必须把对方关心的事加入到谈话内容中,交谈才能够顺利进行。对方关心的是什么呢?人们最关心的通常是他自己,这是人类最普遍的心理现象。比如,当我们观看一张合影时,最先寻找的肯定是自己,如果自己的面目被拍得走了样,就会认为整张照片拍得不好。因此,你必须谈对方所关心的,不断提起,不断深化,这样,对方不仅不会厌恶,还会认为你很关心体贴他(她)。

(4)有所承诺

承诺并不一定要是生意上的,也可以是某些很细小的事情,比如查一个活动的举办日期,告诉对方想知道的某天报纸上的一则报道。承诺是为了使别人感到可以信赖,有兴趣和你继续交往,这也说明好的第一印象并非是一见面就能确定下来,很可能是在见面之后才形成的。比如,对方无意中提到一件事,他根本没想到你会记得它,结果第二天你就打电话过去认真地告诉了他有关的资料, 这肯定会给对方留下一个难忘的印象。

3.不能做第一，就主动做唯一

不想当将军的士兵不是好士兵，但是，不是任何一个想当将军的士兵最终都可以成为将军。在人生旅途上跋涉就和打仗一样，有时需要坚守阵地，有时需要学会战略转移。要找到自己的优势，才能打胜仗。

由美国励志演讲者杰克·坎菲尔和马克·汉森合作推出的《心灵鸡汤》系列读本，这些年来被翻译成数十种语言，感动、激励了无数人。可是谁能想到在开始写作这套读本之前，马克·汉森经营的却是建筑业呢？

当时，马克在建筑业彻底失败之后，果断地选择了彻底退出建筑行业，并忘记有关这一行的一切知识和经历，甚至包括他的老师——著名的建筑师布克敏斯特·富勒。他决定去一个截然不同的领域重新开始。

他很快就发现自己对公众演说有独到的领悟和热情，而且这也是个很容易赚钱的职业。经过一段时间的努力，他成为了一个具有感召力的一流演讲师。后来，他与杰克·坎菲尔的著作《心灵鸡汤》和《心灵鸡汤2》双双登上《纽约时报》的畅销书排行榜，并保持数月之久。

马克放弃了建筑业，但是你不能简单地说他是个半途而废的人，因为他的放弃是建立在他发现这个行业并不适合他的基础上的。他的放弃是为了让自己有机会做出更好的选择。

如果你也像马克一样，确定自己不能在现有的领域做“第一”，那么，你就主动换到别的地方做“唯一”，打造属于你的成功吧。

换到别的地方，并不是要你跳来跳去，做一个“跳跳族”，三天打鱼两天晒网，而是要你衡量考虑一下，什么是你适合的，什么是你不适合的。

一个行业只有一个第一。大部分情况下，你无法成为某个领域的第一。可是，这并不代表你不能成功。与其被动地放弃，或者是赔了老本也要做第二、第三，不如主动创新，成为一个新区域、一个独特客户群、一个销售渠道、一种新技术的领先者。

4.做个“好用”的人，让你无可替代

一个企业，如果没有自己的拳头产品，跟不上时代步伐，就不能占据一定的市场份额，必然难以生存下去。

一个员工，如果没有自己的专长，没有公司需要的价值，不能满足职场发展的需要，则很容易被边缘化。

在竞争激烈的市场中，每个企业都要有自己的独特优势，这样才能在大浪淘沙、优胜劣汰的竞争环境中取胜。同样，作为一名员工，要想做到不可替代，成为老板眼里的“红人”，实现从职场龙套向职场主角的转变，也应该打造自己的核心优势。

15世纪末文艺复兴时期，欧洲开始涌现一批著名的艺术家，他们在建筑、绘画、雕刻、音乐等方面创造了不朽的名作。当时，能否出人头地，一切都在于艺术家本人能否找到一个好的赞助人。

米开朗基罗以其优秀的创作才华被教皇朱里十二世选为赞助对象，负责教堂的壁画设计及绘制。一次，在关于大理石柱的雕刻问题上，两人

产生了严重的意见分歧,米开朗基罗觉得自己的作品没有得到教皇的充分重视,愤怒之下扬言要离开罗马。

很多人都为米开朗基罗触犯教皇而担忧，所有人都不愿看到他因一时的冲动而自毁前程。然而,结果却出人意料,教皇非但没有惩罚米开朗基罗,还极力请求他留下来,因为教皇清楚地知道,像米开朗基罗这样的天才艺术家不乏赞助者赞助,而他却无法找到另一位米开朗基罗。

米开朗基罗无可替代的精湛技艺，决定了他在教皇心中的地位坚不可摧。

职场中亦是如此。将一切掌控在自己手中,让自己的技能无可取代,你自然就会受到上司的器重,使自己立于不败之地。

一家日本东京的贸易公司与一家德国公司有贸易往来，德国公司的经理经常需要买东京到大阪之间的火车票。不久,这位经理发现了一件怪事:每次去大阪时,座位总在右窗口,返回时又总在左窗口。

经理询问日本公司负责购票的秘书小姐其中的缘故，她笑答道:“车去大阪时,富士山在您右边;返回东京时,富士山已到了您的左边。我想外国人都喜欢富士山的壮丽景色，所以我替您买了不同的位置车票。”

就是这种不起眼的细心事,使这位德国经理十分感动,促使他将对这家日本公司的贸易额由400万马克提高到了1200万马克。他认为:在这样一件微不足道的小事上,这家公司的职员都能够想得这么周到,那么,跟他们做生意还有什么不放心的呢?

优势的概念是非常宽泛的，它并不一定是拥有解决工作难题的能力或者是掌握某个非常复杂的技术，生活上的某些特长也可以称为优势,比如说有的人很擅长唱歌,有的人很擅长调节气氛等。或者是同一件事,其他人不会,你会;其他人会一点,你会很多;其他人会很多,你可以做得更精更完美……只要主动开发经营,人人都可以找到自己的优势。只有经营好自己的优势,才能打造出真正的核心竞争力,进而取得成功。

在职场上,与其费尽心思地去改善自己的劣势,还不如努力把自己的优势发挥到极致——套一句大白话说,你要让自己成为一个“好用”的人!

有一位从国外留学回来的主管,拒绝了上司交付的一项临时性工作,理由是上司所交付的任务与他的职位及工作无关。这让上司很生气,不是因为他的傲慢,而是因为他对工作的不尽责。从此,上司对这位“海归”的印象大打折扣。

3个月试用期过后,这位自以为能力超群的新进主管被婉言辞退了,虽说辞退书上说是“能力太高,希望其能另谋高就”,但真正的理由却是“他在公司内是一个极其‘不好用’的人”。虽然他在本职工作内称职负责,可是当公司有变动、需应急时,他却态度僵硬、置身事外,无法与公司同舟共济。

日本知名财经杂志《President》(《总裁财经》)最先提出“好用”这一新型概念词:在21世纪的新经济时代,“好用”是企业内当红的专业经理人的最大特质——因为“好用”的人态度开放、不自我设限,且学习力强、可塑性高,愿意挑战新事物,极富责任感又能以公司的需要为己任。

5.拥有良好的团队意识

企业在发展的过程中需要不断引进各类人才,在选人和用人时,应将团队意识作为重要的评价指标。人才的优势不是靠个人来发挥的,而是靠整个团队。所以,职场新人在进入企业后,必须要拥有良好的团队意识与合作精神。

所谓职场,就是与人合作,单枪匹马夺取胜利已经是过时的神话,要想“保持不败”,就得依赖团队合作。

团队精神是一种能力,一种和别人一起创造及分享的能力,它取决于人们之间的合作,是成功因素中最重要的一环。

有一家跨国大公司对外招聘3名高层管理人员。有9名优秀应聘者经过初试、复试,从上百人中脱颖而出,闯进了由公司董事长亲自把关的面试。

董事长看过这9个人的详细资料和初试、复试成绩后,相当满意,但他一时又不能确定到底聘用哪3个人。于是,董事长给他们9个人出了最后一道题。董事长把这9人随机分成A、B、C三组,指定A组的3个人去调查男性服装市场,B组的3个人去调查女性服装市场,C组的3个人去调查老年服装市场。董事长解释说:“我们录取的人是用来开发市场的,所以,你们必须对市场有敏锐的观察力。让你们调查这部分市场,是想看看大家对一个陌生领域的适应能力。每个小组的成员务必全力以赴。”临走的时候,董事长又补充道:“为避免大家盲目开展调查,我已经叫秘书准备了一份相关行业的资料,走的时候自己到秘书那里去取。”

两天后，每个人都把自己的市场分析报告递到了董事长那里。董事长看完后，站起身来，走向C组的3个人，分别与之一一握手，并祝贺道："恭喜三位，你们已经被录取了！"随后，董事长看着大家疑惑的表情，哈哈一笑说："请大家找出我叫秘书交给你们的资料，互相看看。"

原来，每个人得到的资料都不一样。A组的3个人得到的分别是本市男性服装过去、现在和将来的市场分析，其他两组也类似。董事长说："C组的人很聪明，互相借用了对方的资料，补齐了自己的分析报告。而A、B两组的人却分别行事，抛开队友，自己做自己的，这样做出来的市场分析报告自然不够全面。其实，我出这样的一个题目，主要目的是考察一下大家的团队合作意识，看看大家是否善于在工作中合作。要知道，团队合作精神才是现代企业成功的保障！"

如今，越来越多的公司老板把是否具有团队协作精神作为甄选员工的重要标准。在知识经济时代，竞争已不再是单独的个体之间的斗争，而是团队与团队的竞争、组织与组织的竞争。任何困难的克服和挫折的平复，都不能仅凭一个人的勇敢和力量，而必须依靠整个团队。

对于职场新人来说，只有学会与他人合作，将团队精神运用和发挥在具体的工作中，才能使自己的职业道路越走越宽。拿破仑·希尔曾经说过："那些不了解合作的人，就如同走进生命的大旋涡，会遭受不幸的毁灭。'适者生存'是不变的道理，我们可以在世界上找出许多证据。我们所说的'适者'就是有力量的人，而所谓的'力量'就是合作努力。为了获得生命的成就，我们应该并肩同行，而不是单独行动。一个人只有能够和其他人友好合作，才更容易获得成功。"

的确，合作是取得成功的重要前提，不能与他人友好合作，你就很难取得良好的工作成果。

刘强虽然是第一次参加工作，算得上是职场新人，但同事们还是尊称他为“刘博士”，因为全部门就他学历最高。供职于这家世界有名的营销公司，“刘博士”感觉自己终于可以大显身手了。

在做成几个颇受老板赏识的案例之后，“刘博士”有些沾沾自喜。这时，公司接到了一个大单，为保证万无一失，公司决定采用团队合作的方式，集思广益，力争攻下这个大客户。被选入攻坚小组的都是一些精英，“刘博士”也在其中。随着方案一次次地形成，一次次地修改，却一次次被打回来重做，“刘博士”有些恼火了，他觉得和其他人合作，不如按自己的想法来。于是，后来的各种碰头会、商讨会，他都只是应付地参加一下，没提出任何意见，而是独自去查资料、写方案。

等到最后期限，“刘博士”和攻坚小组各向老板交了一份方案。得知“刘博士”自己单独做了一份方案，老板有些诧异，单独找他谈话，严肃地批评了他：“公司最注重的是团队合作，你的方案我没看，你留着以后用吧！”

作为公司的一员，只有把自己融入到整个公司之中，凭借整个团队的力量，才能把自己不能完成的棘手问题解决好。当你来到一个新的公司，你的领导很可能会分配给你一个难以完成的工作，这样做的目的就是要考察你的合作精神，他要知道的是你是否善于合作、善于沟通。如果你不言不语，一个人费劲地摸索，最后的结果只能是“死路”一条。明智且能获得成功的捷径就是充分利用团队的力量。一位专家指出：“现在年轻人在职场中普遍表现出的自负与自傲，使他们在融入工作环境方面表现得缓慢和困难。这是因为他们缺乏团队合作精神，项目都是自己做，不愿和同事一起想办法，每个人做出的结果都不同，最后对公司一点用也没有，而这些人也不可能做出好的成绩来。”

个人英雄主义是团队合作的大敌。如果你从不承认团队对自己有帮助,即使接受过帮助也认为这是团队的义务,你就可能在工作中领受到教训。

亨利是一家营销公司的营销员，他所在的部门曾经因为十分具有团队精神而创造过奇迹,而且部门中每一个人的业务成绩都非常突出。

后来,这种和谐而又融洽的合作氛围被亨利破坏了。

原来,公司的高层把一项重要的项目安排给亨利所在的部门,亨利的主管反复斟酌考虑,犹豫不决,最终没能拿出一个可行的工作方案。而亨利则认为自己对这个项目有十分周详而又容易操作的方案。为了表现自己,他没有与主管商量,更没有贡献出自己的方案,而是越过主管,直接向总经理说明自己愿意承担这项任务,并提出了可行性方案。

他的这种做法严重地伤害了主管,破坏了团队精神。结果,当总经理安排他与主管共同操作这个项目时，两个人在工作上不能达成一致意见,产生了重大的分歧,导致团队中出现分裂,项目最终流产。

与人合作的前提是找准自己的位置,扮演好自己的角色,这样才能保证团队工作的顺利进行。若站错位置,乱干工作,乱出风头不但无法推进整体的工作进程,还会使整个团队陷入混乱。

要想扮演好自己在团队中的角色,必须做到以下几点:

第一,总让团队出头做“好人”,这是扮演好团队角色的首要原则。在工作中,不要直接否决团队的决定,始终让团队作为与客户打交道的主体;如果可能的话,最好以团队为主体与上级打交道;如果你不得不插手,也应先公开支持自己的团队;若实在需要做出一些改动,那就同团队成员私下解决,并把功劳让给团队。若能让客户和上司觉得在你这儿得到的承诺,远不如在团队那儿得到的多,他们就会养成与团队直接打交道的习惯。站在员工个人的角度来讲,直接和团队打交道可以使工作更加轻松;站在团队的角度讲,让团队成为主体可以使团队的运作更有效率——这是真正的一举两得。

第二, 要扮演好团队队员的角色还应主动寻找团队成员的积极品质。在一个团队中,每个成员的优缺点都不尽相同,你应积极寻找团队中其他成员的优秀品质,并且向其学习,使自己的缺点和消极负面因素在团体合作中减少以至消失。在提升自己的同时,还要提升团队成员之间合作的默契程度,进而提升团队执行力。团队强调的是协同,较少有命令和指示,所以工作气氛很重要,它将直接影响团队的工作效率。如果你能积极寻找其他成员的积极品质, 那么你与团队的协作就会变得更加顺畅;而你自身工作效率的提高,也会使团队整体的工作效率得到提高。

第三,要时常反思自己的缺点。改变工作角色之后,你应该时常反思自己的缺点,比如自己是否依旧对人冷漠,或者依旧言辞锋利。这是扮演好团队成员角色的一大障碍。团队工作需要成员之间不断地进行互动和交流,如果你固执己见,难与他人达成一致,你的努力就得不到其他成员的理解和支持,这时,即使你的能力出类拔萃,也无法促使团队创造出更高的业绩。

6.让自己成为引人注目的焦点

时机历来都被成功者视为事关成败的关键要素。对男人而言,在追求成功的道路上,最重要的是抓住展现自己才华的最佳时机。因为只有这一刻,你才能使大家认识到你的与众不同。人的事业就如同舞台上的戏剧,动作与台词在演出时必须把握得恰到好处。事业也是如此,每个男人的表演如何,就看你是否能抓住表现自己的时机。

曾经有个衣衫褴褛的少年,到摩天大楼的工地向衣着讲究的承包商请教:“我应该怎么做,长大后才能跟你一样有钱?”

承包商看了少年一眼,对他说:“我给你讲一个故事。有3个工人在同一个工地工作,3个人都一样努力,只不过其中一个人始终没有穿工地发的蓝制服。最后,第一个工人现在成了工头,第二个工人已经退休,而第三个没穿工地制服的工人则成了建筑公司的老板。年轻人,你明白这个故事的意义吗?”

少年满脸困惑,听得一头雾水。于是,承包商继续指着前面那些正在脚手架上工作的工人对少年说:“看到那些人了吗?他们全都是我的工人。但是,那么多的人,我根本没办法记住每一个人的名字,甚至连有些人的长相都没印象。但是,你看他们中间那个穿着红色衬衫的人,他不但比别人更卖力,而且每天最早上班,最晚下班,加上他那件红衬衫,使他在这群工人中显得特别突出。我现在就要过去找他,升他当监工。年轻人,我就是这样成功的。我除了卖力工作,表现得比其他人更好之外,还懂得如何让别人看到我在努力。”

不要以为只有你一个人在拼命工作,事实上,每个人都在努力。想在一群努力的人中脱颖而出,除了比别人做得更好之外,还得靠其他的技巧和方法。

《三国演义》里有这样一个故事:庞统刚投奔刘备的时候,刘备见他相貌丑陋,以为没有什么才能,便让他到莱阳县做县令。

庞统到了莱阳，终日饮酒，不理政事。刘备知道这个消息之后，便派张飞到莱阳巡察。张飞到了莱阳，发现县里的公务积压，不禁大怒，对庞统说：“我哥哥看你是个人才，让你做个县令，可是你为什么把县里的事务弄得乱七八糟？”

庞统当时半醉半醒，听了张飞的话，微笑着说：“区区一个小县，有什么需要我天天处理的事情？”

说完，庞统便命令手下把积压的简牍文书全部送上大堂，开始处理公务。只见庞统耳听口判，曲直分明，那积压了一百多天的公务，不一会儿就处理完毕了。

做完后，庞统把笔扔在地上，斜着眼睛看张飞，问道：“我究竟荒废了你哥哥什么大事？”

张飞虽然是一个粗人，但他粗中有细，见到这种情况，大吃一惊，马上起身回到荆州向刘备禀报。

庞统就是靠不理政事这一假象引起刘备的注意，从而抓住有利时机，提高自己的知名度，后来做了副军师中郎将。

想获得提拔，最有说服力的就是工作成绩。但在当今社会，工作表现好、办事能力强、能出色完成任务的人数不胜数，他们的努力不一定都能让人看到，当然也不是每个人都能得到提拔。所以，争取曝光的机会，成为人们关注的焦点，是获得重用的好计谋。

亚特兰大的管理专家哈维·柯尔曼工作了11年，其中有一半时间是从事管理方面的工作，还曾担任过美国电报电话公司、可口可乐公司的智囊以及其他公司的企业发展顾问。根据在多家大公司的所见所闻，柯尔曼把影响人们事业成功的因素作了如下划分：在获得提拔机会的比率中，一个人的工作表现只占10%，给人的印象占30%，而在公司内抓住有利时机“亮相”则占了60%。

基于这个数据,他对获取提拔提出了自己的见解。柯尔曼认为,在当今时代,工作表现好的人太多了。工作做得好也许可以获得加薪,但并不意味着能够获得提拔。提拔的关键在于有多少人知道下属的存在和下属工作的内容,以及这些了解下属的人在公司中的影响力有多大。

无独有偶,辛辛那提的管理顾问克利尔·杰美森也给出了与柯尔曼相似的意见:"许多人以为只要自己努力工作,顶头上司就一定会拉自己一把,给自己出头的机会。这些人自以为真才实学就是一切,所以对提高个人知名度很不关心。但如果他们真想有所作为,我建议他们还是应该学习如何吸引众人的目光。"

因此,如果你想要获得成功,最好的办法就是让自己成为引人注目的焦点。

7.男人不可忽视的十种人格魅力

(1)乐观

乐观是男人最根本的处事态度。乐观的男人始终会处于积极、向上的生存状态中,拥有潇洒的人生态度。他们能够坚持从建设性的视角出发,对待周围的人和事,认为通过自己的努力,哪怕再微薄的力量,也会使这个世界有所改变。因此,乐观的男人总是充满了人格魅力。

(2)大度

大度是男人最基本的待人接物法则,是男人在气质上的人格魅力。大度意味着男人要有宽大的胸怀和容人的气量,不图虚荣,善于容忍,能够奉献和牺牲,因此,大度是体现男人雄性之美的重要因素。大度男人往往具有良好的气质和风韵,所谓“宰相肚里能撑船”,这一点是狭隘男人永远不可比拟的。

(3)深沉

即稳重、持重,是男人最具有神秘色彩的一种性格魅力。这种性格与张扬恣肆、专横跋扈相悖,是具有健康心理的男人长期修炼的结果。因此,深沉是男人在性格修养上的人格魅力所在。

(4)坦诚

这是男人最应该遵守的一条人际交往原则。不坦诚不仅会造成沟通的障碍,更会导致人际关系的混沌。只有坦诚的人才具有丰富的人性,男人会因为坦诚拥有无与伦比的人格魅力。

(5)果敢

果敢作为男人重要的人性品质, 在胆识上彰显着男人的人格魅力,主要体现在其决策能力和勇气两个方面。临危不惧、见义勇为是一种果敢,运用智慧及时开拓新局面和勇于承担责任也是一种果敢。果敢不等于鲁莽,而是高智力下的敢做敢为,也就是胆识。果敢的反面是优柔寡断。

(6)自信

自信是男人的生存之本,是男人获得成功的力量源泉。自信的男人会具有健康的心理,从而表现出人格魅力。男人的自信程度取决于其对自身的自我意识,即自知、自觉、自省等。良好的自我意识,可以避免男人由于盲目自信而形成的自大与张狂,从而建立自强不息的健康人格,推动男人不断奋斗和努力。自信能突显出男人的蓬勃朝气和阳刚之美;反之,没有自信的男人缺乏健康的心理,自然无人格魅力可言。

(7)幽默

幽默作为男人的人格魅力, 主要作用在于其对人际氛围的调节和人际关系的控制。适当的幽默不但能起到和谐氛围、转移注意力的作用,也可以展示出男人的气质、学识等在人格形成过程中所需要的内在素质。因而,幽默既是男人在个人素质上的一种人格魅力,也是表现这种魅力的一种巧妙手段。

(8)思辨

思辨离不开缜密的思维和高度的智慧,思辨的语言(即口才)不但能体现男人渊博的学识基础,也能体现其在哲学、美学、逻辑学、心理学上的修养和思维能力,还能体现其超越常人的洞察力和说服力,这正是善于思辨的男人所具有的独特魅力。

(9)坚毅

坚毅是指坚强而有毅力。坚毅的男人做事不会一曝十寒,也不会半途而废,属于有目标、有抱负,勤勤恳恳从不轻易言败,又能做到胜不骄败不馁的优秀男人。

(10)节制

即克己、自律和自敛。在当今复杂的社会环境里,男人除了本身的缺点外,还会染上很多外来的陋习。不懂得节制的男人就像脱缰的野马,对家庭和社会都会造成很大伤害。因此,节制作为男人的一种美德和必修课程,对男人修身养性、形成高尚情操具有不可或缺的作用。因此,懂得节制的男人是最能战胜自我的人,大都能在个人行为控制方面显示出极具个性的人格魅力。

8.边工作边筹集事业的资本——拥有金刚钻再揽瓷器活

要想成就一番事业,就需要有一笔资本,你的资本在哪里?资本就在你自己身上,那就是努力、进取与高度的社会责任感。社会上很少有在年轻时没有打好基础,到后来竟能成就一番事业的人。一般的成功者,之所以在晚年能获得美满的果实,都是因为他们在年轻时就播下了好的种子。

搞建筑首先应当设计图纸,筑路不能把材料随地乱铺,雕刻也不能随意拿起石头就乱刻一通……做任何事,都要先有一番计划与准备,草率成就不了事业。

对任何事都不要抱有过高的奢望,而应该先将学问与经验一点点灌入自己的脑中,作为将来成功的本钱。要知道,社会和企业需要的是受过好的教育和受过良好训练的人,无能的人是得不到成功的机会的。

或许你的经济状况不允许你去专门学校学习,特别是在你还有一份沉重负担的时候。然而,若你每天能抽出一段时间自学一门学科,将来所得的成就一定十分可观,这比到处东翻翻西看看的读书方法要强百倍。

不论在何地,若你能时刻留意充实自己的生活与学识,不浪费休闲时间,注意收集与自己的事业有关的消息,且做事敏捷,那么,你的前途一定充满希望。

许多人都受过良好的教育,也有一定的处理事情的经验,似乎都能做出一番事业来,但是他们却仍过着平凡的生活,甚至一败涂地。为什么会这样呢？原因就是他们从不肯努力求学,无力克服面临的各种困难。

常听到许多人说后悔自己年轻时耽误了求学,以致现在失去了一个良好的工作机会;也有人说,现在虽然积累了许多钱,但因缺乏经验,所以一直没有什么成就。更可悲的是那些不学无术的人,到了中年后更提不起精神,自信也大不如前,这样的人生又有什么意义呢?

累积起来的学识与经验是成功的资本，你必须集中精力、毫不懈怠、积年累月地去储存这些资本。这样累积起来的资本,才是无价之宝。所以,你必须趁年轻时把握机会,努力学习,这样,你将来的“收成”才会可观。

现在就下定决心,不论你的情况怎样,都不要忘记“求上进”,不随意消耗任何时间在没有意义的事情上,你的学识、经验、思想没有一样可以不求进步。若你能这么做,即使你的工作受阻,也会有力量东山再起。

只要具有真才实学,就不怕阻挠重重,即使没有大笔金钱,世人也不会轻视你,因为你所拥有的财富是他人无法抢走的。

9.打造硬派男人的领袖气质

努力拼搏的工作态度是一个男人必须拥有的，但是如果要成为领袖人物,仅靠努力吃苦的精神是不够的,必须要学会去经营一个看似无形却与你的成功息息相关的特质,那就是个人魅力。

要想成为领袖,就要塑造鲜明的形象。斯大林的气魄、克林顿的神采,这些都属于内在的气质;林肯诚实的脸,艾森豪威尔宽厚的笑容,这些属于形态方面；甚至某种商标式的用品也令人难忘，如卡斯特罗的烟斗、肯尼迪的摇椅等。

在2004年的美国大选中，无奈地目睹了共和党总统候选人布什4年之后再次胜出，民主党人陷入了痛苦的自我反省。民主党人认识到自己之所以失败，是因为己方候选人克里没有前民主党总统克林顿身上的那种领袖魅力，因此必须尽快寻找出克林顿式的人物，4年之后再与共和党较量。

有专家认为，克里失利的重要原因在于缺少个人风格，并说：“约翰·克里根本不像比尔·克林顿。他身上的亲和力太少，人们不太喜欢他。一位具有个人亲和力的温和的民主党候选人肯定能轻松战胜布什。”

形象给人留下的印象最深刻，因而对人们的影响力也最直接。历史上，许多政治家为了得到民众的支持，达到自己的政治目的，做的第一件事便是了解民众的意愿，把握民众的心理，顺应民意，树立一个会被大众认同并信任的领袖形象。

美国总统罗斯福年轻时常常是一身花花公子打扮，给人以玩世不恭的富家子弟形象。而在1910年，他为了竞选州参议员，一改往日的装束，以朴素、勤劳的形象出现在乡村的选民面前。为了获得更多选民的支持，他驾着一辆既无顶篷又无玻璃的汽车，在丘陵、田野和泥泞的小道上奔波不止，经常弄得一身雨水或者满身灰尘。有一次，车子在半路坏了，他就步行约2000英里，走遍了各个村庄、店铺，走访了每一户居民。罗斯福的形象终于感动了村民，他也因此在竞选中大获全胜。

自信的神态、文雅的举止与合体的谈吐会让你看起来颇具风度，也更显魅力。

自信的神态会表现出威严与干练，让追随者可以在领袖身上找到他们达到目标与理想的希望。只有作为引航者的化身,才能更好地显示出领袖独特的个人魅力。神态上的自信是一位领袖对自己的事业与成功的信心的外在表现,它能赢得追随者的信任及中立者的支持。

文雅得体的行为举止表现的是一个人的沉稳与修养。领袖所具有的文雅举止向外人传达的信息是他的深沉与稳重,赢得的是人们的敬重与信赖。

此外,注意生活的细节也很重要,它们往往会影响你在他人心中的形象。

肯尼迪在其就职典礼的仪式中，注意到海岸警卫队士官中没有一个黑人,便当场派人调查;他就任总统不久,就能胸有成竹地回答关于美国从古巴进口1200万美元糖的问题,此举令众人折服;他能注意到白宫返青的草坪上长出了蟋蟀草,然后亲自告诉园丁把它除掉……这些很小的细节关注让人们对他印象深刻。

罗斯福则以惊人的记忆力让人惊叹。在第二次世界大战中,有一条船在苏格兰附近突然沉没,原因却一直无法确定,不知是触礁还是遭到了鱼雷。罗斯福认为更有可能是触礁,为了支持这种立论,他滔滔不绝地背诵出了当地海岸涨潮的具体高度以及礁石在水下的确切深度和位置,这使得许多人佩服不已。罗斯福还常常让人在一张没有标明文字的美国地图上随意画一条线,他能够按顺序说出这条线上有哪些州。

从每一个细节对自己进行训练,打造出独一无二的领袖气质,对你获得成功将产生巨大的帮助。而只有拥有领袖气质的男人,才能更容易地聚集各方面的力量,将自己推上成功的巅峰!

/第六章/

稳扎稳打

——步步为营，扩大财富格局

1.先给结果，再谈回报

谷歌前任全球副总裁兼中国区总裁李开复博士曾用自己亲身经历的一件事情，告诉年轻人，机遇就在当下的每一项工作之中，如果想得到，就要先做到。

有一天，李开复头发长了，他太太催他去理发，还让他去XX理发店，找他姐姐推荐过的一个叫Gary的年轻理发师。于是，他下班后就径直到理发店找到了那位名叫Gary的小伙子。

Gary看到李开复后，有些惊讶地说："请问您是李开复老师吗？"

"是的。"

"您知道吗？我买了您的书，读了两遍。下次有机会，您帮我签个名吧。"Gary有点儿兴奋。

"OK！"

"能问你一个问题吗？"

"你边剪边问吧。家里人还等着我用餐呢。"李开复拿掉眼镜，催Gary快点开始理发。

"我如果和老板意见不合怎么办？"看样子，这个问题已经困扰Gary很久了。

"你的老板是什么样的人？"李开复反问道。

"他人挺好的，对我也很赏识，只是最近有一件事，他当众批评我，让我非常生气。"

"那要看是什么事情。"

"老板批评我对顾客不够周到。"Gary皱紧了眉头，"也许我可以做得更好。但问题是，我是被洗头的小妹陷害的。她在背后说我坏话，还以为我不知道……"

Gary越说越激动，聊了十几分钟，李开复听明白了事情的大概。Gary太专注于自己的工作，却没注意处理好人际关系，也就是说，人缘不好。于是，李开复提醒Gary看一看关于情商和团队合作的书，并告诉Gary，其实他的老板挺好的，偶尔错怪他一次，别老放在心上。

听了李开复的指导，Gary的心情明显好了许多，说："谢谢李先生！还有一个问题：我想要创业。"

然后，他向李开复谈起了过去如何放弃读大专，到深圳拜师学艺的事。这些年，他努力攒钱也略有积蓄。另外，自己还读了不少关于创业和管理的书。现在，他打算自己开一间理发店。

他看起来很执着，又有一技之长，创业似乎是一个不错的选择。但李开复还是建议他，必须先培养人际关系，另外，对于理发店的运营，也可以在工作时多学习一下，比如财务、采购等方面的事情。

Gary听得全神贯注，津津有味。40分钟后，理发结束。Gary诚恳地说："李先生，非常感谢你的指点。我现在知道该怎么做了。以后开了店，理发我请客。"

"别客气。"

"戴上眼镜，照照镜子，看看怎么样？"

"不用了，我姐姐那么挑剔的人都夸奖你，你理的发一定没问题。"李开复匆匆地走了，这次理发的时间太长了，家里人还等着他呢。

回到家里，李太太一看到他就大声地叫了起来："哇！你的头发好像狗啃的！"他的两个孩子看了也一个捧腹大笑，一个嚷着要拍照。

李开复赶紧戴上眼镜跑到镜子面前。原来，年轻的理发师只顾着跟他讨论问题，他的头发却成了无辜的牺牲品。

看着惨不忍睹的发型，他下定决心永远不会再去这家理发店了。李开复认为，这位年轻的理发师忽视了非常重要的一点：有理想并追寻理想是好的，但只有先把分内的事做好，才有资格期望更多。

如果你是一个理发师，先把客人的头发理好，才有资格找客人帮忙。头发理得不好，客人不会再来，以后还怎么帮你的忙呢？

同样，如果你刚进入职场，那就先把分配给你的工作做好，这样才有资格去考虑晋升与发展。老板交代的事都没做好，怎么会给你晋升的机会呢？

无论多远的路，都要从脚下开始，欲速则不达。当每一个环节都做得足够好时，成功就会水到渠成。

未来并非不能想象，但想象之余，更重要的是把握好手中的一分一秒，做好每一件事，功到自然成。不论做人还是做事，切勿好高骛远，应先把自己分内的事情做好,再去想其他的。

有道是:“不谋全局者,不足以谋一域。”如果一个人的眼睛只盯着自己的一亩三分地,那他对全局的考量必然会有不足。“机遇总是垂青有准备的人”,若提拔你的机会果真来了,你有把握坐好这个位子吗?你具备胜任这一职位的能力吗?

在职场上,你想要得到一个更高的职位,就要具备相应的能力。否则即使真的给了你这样的职位和机会,你也会败下阵来。所以,想要晋升到更高的职位,必须懂得“欲谋其位,先谋其事”的道理。如果你想要取代你的领导,就要在私下里学习领导的办事风格,思考领导职责范围内的一些事情。一旦你做好了这些准备,机会自然就会到来。

孙思娇是一家国有企业的办公室文员。她每天要拆阅、分类大量的公司信件,工作内容单调,工资也不高,很多女孩子都干不了多久就跳槽走了,但是孙思娇却坚持了下来,而且工作十分努力。每天,她总是第一个来到办公室,除了做好本职工作外,还把那些并非自己职责范围内的事,诸如替办公室主任整理材料等也做得无可挑剔。终于有一天,办公室秘书因故辞职,在挑选合适的继任者时,办公室主任很自然地想到了孙思娇,相信她完全可以胜任这份工作,因为她在没有得到这个职位之前就一直在做这份工作。

做了办公室秘书的孙思娇依然十分努力,每每办公室主任需要加班赶材料时,她总是悄无声息地留下来帮领导的忙。后来主任升为总公司行政总监的时候,她又理所当然地得到了办公室主任的职位。

俗话说:“一份耕耘,一份收获。”要想脱颖而出,不仅要做好自己分内的工作,还要多干一点儿,为将来升级后的工作提前做准备。一个下属若能做到这一点,往往能给领导留下深刻的印象,这有助于你获得更多晋升的机会。

具体而言，平时应多留心观察领导是怎样处理日常工作的，要善于站在领导的立场上考虑问题。虽然“预谋其政”并不一定能起立竿见影的效果，甚至不能够在领导面前流露出来，但是经常“预谋其政”，观察和思考领导处理的一些事情，就能够在无形中锻炼自己的领导能力。具备了领导能力后，一旦有了表现的机会，你就可以一鸣惊人，让人刮目相看。

当然，“预谋其政”不等于越权替领导做主，而是站在一个辅助角色的位置上，为领导出主意、想办法、排忧解难，这样一来，你也会在不自觉中为自己的工作态度、工作方式以及工作成果树立更高的要求与标准，今后一旦有加薪晋职的机会，领导自然会想到你。

日本当代著名的经营管理学家土光敏夫有句名言：“撑杆跳的横杆总是要不断往上升的，不能越过它的人，就应尽快离开竞技场。”

工作中，有些员工为了在领导面前表现，总是信口开河。每次领导问他工作完成得如何，他总是说：“放心吧，很快就做完了。”这种做法是不可取的。聪明的员工会很客观地回答：“还有一些困难，但是请放心，我有信心做好。”即使在完成之后，如果不是很完美，也不应急于给领导看，要尽力做到最好，然后再展示给领导。

职场中，做完了该做的事再争取升职是一种明智的举动，可以给你带来宝贵的名誉，为你赢来别人的尊重，是你快速升职的重要砝码。

美国IBM计算机公司之所以发展迅速，正是因为公司服务人员在产品售后服务中，有高度的责任心、持之以恒的工作态度和信守诺言的美德。

一天，菲尼克斯城的一个用户急需重建多功能数据库的计算机配件。IBM公司得知后，立即派一位女职员送去。不料女职员在途中遭遇倾盆大雨，河水猛涨，封闭了沿途的14座桥，交通阻塞，汽车根本无法行驶。按常理，遇到这种情况，女职员完全有理由返回公司，但她没有被途中的艰险所阻挡,仍勇往直前,并巧妙地利用原来存放在汽车里的一双旱冰鞋滑向目的地。平时只需要20分钟的路程,那天却变成了4个小时的跋涉。女职员到达用户所在地后,又不顾旅途的疲劳,及时帮助用户解除了困难。

做完这件事情的第二天,女职员打报告汇报了这一切,很快,她得到了晋升。

有些员工为了在领导面前讨巧,经常不考虑自身能力,对领导的任何指示都以“没问题”“您放心”“包在我身上”回应。能办成还好,如果不能办成,往往会给领导留下不好的印象,这样,领导还怎么可能放心把重任交给这样的员工呢?所以,一定要只承担那些有把握完成的工作。

在升职的道路上,不仅要“先谋其事”,还要学会用事实说话,先给领导他想要的“结果”,才能争取到自己想要的“结果”。

2.抓住细节,随时树立积极的形象

常言道:细节决定成败。所以,千万不要小看细节,日后它可能会影响到你的升职加薪。

(1)开会时,起立发言可以加强自己发言的分量

为什么?因为同样的讲演内容,站着和坐着说给听众听的效果完全不同。以歌手在舞台上的表演为例,站着唱与坐着唱,不但歌声的效果不同,给人的感受也完全不同,比起后者,前者会更让人觉得有活力。同样的道理,讲演时站着说,听众的感受往往会更为强烈。

在有些场合，由于主讲人发言的时间较长，主办单位会特意准备椅子让主讲人坐着发言。碰到这种情形，可以婉拒对方的好意。

此外，站着发言还有一个优点，就是可以居高临下，把握全场的气氛。

特别是那些对自己的讲演没有信心的人，更应该站着发言。虽然发言内容是一样的，但站着发言这一小小的改变，就可以给听众留下“积极”的好印象。

(2)握手不仅是一种交际的礼仪，同时也是表现自己的强力武器

仔细地观察一下那些政治家，一连与数十甚至数百人握手后，他们的手通常会因失去血色而显得苍白，由此不难推测他们是多么用力地与人握手。

从心理学的立场来看，一个人若是被人用力地握手，自己就会很自然地用力握回去。握手虽然看起来只不过是手与手的交流，但实际上也是一种心与心的交流。因此，用力握手可以让对方感受到自己的热情与意志，并给人一种强大的印象。

(3)坐沙发时，千万别“身陷其中”

仅坐椅面的一半听人说话，或只利用椅面前三分之一的部分来坐，给人的印象会更好。采用这种坐姿时，身体的上半身会自然地向前倾，能让对方觉得你在聚精会神地听他说话，从而给对方留下做事积极的印象！好好利用这一效果，可以有效地表现自我，给对方留下好印象。

假如你正在很认真地向一个人解说某件事，对方却懒懒地靠在沙发中，你会有什么感受？如果对方是上司还好，如果是同事，你可能就会向他说“你能不能认真地听我说”，为什么呢？因为将身体深深地陷入沙发的姿势，在别人看来，就是一种不认真的态度。特别是连上半身也深深地陷入沙发中，给人的印象会更为恶劣。

(4)卷起衣袖工作，可给人留下做事积极、有干劲的印象

将长袖衣服的袖子卷起来，露出肌肤，可以使人产生充满活力、做事

积极的印象。

(5)边听边记笔记可让人感觉到你在认真地听讲

在你讲演时,若有一些听众拿着笔记本边听边记,不知不觉中,你就会对这些人产生好感。

因为记笔记不仅表示要留下一份记录，还显示了想将对方所说的话留在记忆中的积极态度。

一般人都认为,没有人会把没用的话一一记下来。反过来说,我们做笔记就是表示认同对方说话的内容,这对对方是一种尊敬的表现。

对这种心理善加利用,就可以使对方感受到我们的心意。通常,在上司对我们说话时,就是再无聊的话我们也不得不听,此时若记些笔记,不但能消除无聊感,同时也可以给上司留下好印象。

(6)签名的字体大一些,可以让人留下深刻的印象

政治家的名片与一般人的名片最大的差别，就是政治家的名片上除了姓名之外,其他如住址、电话等一概不印,并且姓名也用比一般名片上更大的字体来印刷,这些都显示出想让对方记住自己姓名的意图。

其实,姓名就是我们人的另一个身份,只要对方记住我们的姓名,也就等于认识了我们。因此,签名时应尽可能将字体写大一些,这样可以加深对方对我们的印象。根据一位教师的经验,将自己的姓名签得很大的学生,长大后取得的成就往往较大,尽管他们读书时的成绩不一定是最出众的。

(7)边说边打手势可加强给对方的印象

在西方学校里，每个学生在课堂上起立发言都是边说还边打各种手势。而当我们观赏政治家演讲的影片时,也会发现他们常使用各种激烈的手势来加强演说的效果。这也是政治家个人魅力的组成部分之一。

或许这就是东西方文化差异的缘故,东方人说话时通常不打手势。但我们若能在说话时配合一些手势，就可以给对方留下更为深刻的印象。所以,我们不能忽视手势的重要性。

(8)额外的工作可使别人感受到你的热忱与诚意

新闻记者的工作是相当辛苦的，他们一天24小时，都必须为采访新闻而忙碌，有时，他们好不容易找到了自己想访问的人，但被访问者却以“没什么好谈的”为理由而予以拒绝，到头来白忙一场。

在外行人的眼中，或许认为记者的这种做法是在浪费时间，但他们却有必须这样做的理由。他们是想凭着一天24小时不停地工作，让受访者看到他们的诚意，进而因同情他们的辛苦而透露一些消息。

有一位任职于杂志社的记者，为了获得一位正在监狱服刑犯人的独家新闻，在他入狱的三年内不断写信和他联络，结果他出狱后，果然让这名记者采访到了所需要的独家新闻！

(9)参加事先没有安排座位的集会时，主动坐到上司的旁边，可以表现自己的自信心

在大学里，上课时通常不会排固定的座位，但奇怪的是，每一次上课，同学们所坐的座位却几乎都是固定的。成绩好、喜欢发表意见的同学通常会坐在距离老师较近的座位，而成绩差、常心不在焉的同学则通常坐后面几排的座位。

道理非常简单，坐前几排的学生不但较容易为老师所重视，而且被老师叫起来回答问题的机会也比坐在后排的学生多出许多。因此，对自己有信心的学生大多会选择前排的座位；反之，对自己没信心的人就会很自然地往后坐。

同样的现象也会出现在一般公司职员的身上。对自己越有信心的人，越喜欢和上司在一起。因此，参加事先没安排座位的集会时，主动坐在上司的旁边可以表现自己的自信心。

(10)该认真时就全心投入，该笑时就开怀大笑

有些人无论是高兴还是烦恼，都不会在脸上显示出喜怒哀乐的表情。当然，面部表情平淡的人并不代表他们内心是冷酷的；相反，这种人的心

思有时比正常人更细腻、更敏感。但由于面无表情,别人无法从他们的表情中了解他们的心思。因此,对于这些看起来毫无反应的人,人们常会产生“他们反应迟钝”的感觉。

感情的表现越积极,越能让人了解当事人内心的感受;而感受性强的人,往往也容易让人觉得有魅力。因此,应该认真的时候,就要全心投入,该笑的时候,就要开怀大笑,这样才不会让人觉得你反应迟钝,进而留下坏印象。

(11)将自己的“梦想”说出来,可以增加自己的魅力

表现自己魅力的方式很多,而其中很值得一试的就是将自己的“梦想”说出来。

例如,你可以对别人说“我希望将来能住在国外,最好是在西班牙买一个小城堡……”,或许有人会觉得你幼稚无知,但大部分人都会觉得说这些话的人天真可爱,充满了魅力。“梦想”就是幻想,因此就算是完全的超现实也无所谓,只要敢把自己的“梦想”大方地说出来,整个人就会充满魅力。

3.时刻寻找并抓住与上司接近的机会

在职场中,资深员工都会告诫“职场新人”:要努力,更要会沟通、搞关系。意思是说,与领导建立良好的关系并获得赏识,工作起来就会比较顺利。可有的人偏偏认为与领导搞好关系是走旁门左道,只有拿出好的业绩才是真本事,于是“闷头大发财”。这种观念是值得商榷的。

小A进入环宇公司3年来，工作兢兢业业、勤勤恳恳，凭着她吃苦耐劳的精神，总是能够出色地完成公司交给她的任务，成为大家公认的业务骨干。可小A哪里都好，就是与自己的顶头上司不对付。

她的顶头上司老吴是个职场“老油条”，凭着积累多年的行业经验，在主管的职位上坐得四平八稳。也许是倚老卖老，他经常利用上班时间炒股票，这让性情耿直的小A十分看不顺眼。而且，接触的时间长了，老吴的一些缺点也在小A面前暴露无遗，比如气量狭小、爱在女同事面前讲黄段子等，这些毛病都让小A对老吴产生了鄙薄之意。因此，在平时的工作中，小A对老吴是能躲则躲，私下里也是牢骚满腹。

小A的这种心思自然而然地流露到了她的日常表现上，老吴看在眼里，记在心上，自然认为小A虽然业务能力强，但清高孤傲，不尊重领导，久而久之，便有了“壮士断腕”之心，想将小A扫地出门。

年底时，公司准备给每位员工续签合同，而业务骨干小A却在大家惊愕的表情中接到了公司人事部门“不予续签劳动合同”的通知。黯然神伤之余，小A很快便找到了问题的症结所在。经过深入反思后，她在自己的博客中这样总结道：在公司里，与领导处好关系比做什么工作都重要。

作为一名员工，在部门里唯一有资格对你进行综合评判的便是你的顶头上司。你的业务能力再强、销售业绩再高，如果与上司的关系尴尬，甚至处于对峙状态，时间久了，上司也会从“团队建设”“是否安心本职工作”等其他方面挑出毛病，让你无法安心工作。换句话说，如果你与上司关系紧张，即使像老黄牛一样勤恳，也难以成为上司的左膀右臂。

想在职场上有所发展，你就必须和上司全面地接触，甚至学会利用和创造各种各样的机会。只有经常有意无意地亲近上司，让他记住你，了解你的意见和想法，你才有可能收获意外的惊喜。

因业务发展需要,H图书公司的编辑中心新招了五六个刚毕业的年轻人。为表达对这批“新鲜血液”的厚望和鼓励,他们的顶头上司龚主任决定宴请他们。饭店离公司不远,在路上,新人们三三两两结伴而行,唯独将比他们年长二十几岁的龚主任抛在了一边。也许他们觉得自己都是小字辈,跟龚主任难有共同话题;也许他们觉得龚主任是自己的上司,出于敬畏之心而自然地产生了距离感,所以几个人都跟在龚主任后面十几米远。

新来的刘艳梅看在眼里,不免替龚主任感到尴尬。进入饭店后,在落座之前,她借故先去了趟洗手间,回来一看,果然不出她所料,龚主任坐在中间位置上,他两旁的座位都是空着的,而其他几位同事都隔着龚主任坐着,或谨口慎言,或局促不安。看见龚主任强挤出笑容的样子,刘艳梅赶紧说:“咱们都往一起凑凑吧,显得热闹!”说完,便很自然地坐在了龚主任身旁的空位上,并对龚主任投来的赞许目光报以会心一笑。

刘艳梅的做法巧妙而自然,很好地缓解了陌生环境下出现的尴尬气氛。可惜的是其他几位新编辑,本来这次龚主任就是想和他们亲近一下,多交流交流,谁想他们却辜负了上司的美意,把上司晾在了一边。

那次晚宴上,刘艳梅给龚主任留下了非常好的印象,觉得她是个可塑之才。在以后的工作中,从选题策划到作者资源,再到市场营销,龚主任都对刘艳梅知无不言、言无不尽。刘艳梅的业务能力自然得到了大幅提升,在同批进来的同事中脱颖而出。

俗话说:做事不看东,累死也无功。在职场中,要是没有领导、尤其是顶头上司的赞赏和支持,仅凭你拼死拼活地干,要想超越上面层层“屏障”,实在是太难、太慢了。

所以,在不断地提高自身业务能力的同时,我们也要时刻寻找并抓住与上司接近的机会,激活你的人脉,让上司更好地、更全面地认识你,对你产生好感、信任，乃至依赖。有朝一日，当你成为上司的左膀右臂，你在职场中如鱼得水的日子也就不远了！

请一定记住，上司也是人，也需要被人尊重和重视。而那些见到上司就像老鼠见到猫，总想绕道走，对待上司就像对待自己的天敌那样的人，只会与机会擦肩而过，迟早会被上司逐出视野之外。

同上司一同成长不是毫无目的地跟随上司。优秀员工的标准是不仅自己执行成功，还能帮助上司执行成功，同上司一起执行，一同完成任务。

欧阳是一位国际市场部总经理助理。他接到了一项紧急任务——根据上司的笔记，准备好业务进展曲线图表。起草图表时，他注意到上司写道："美元坚挺，则出口就会增加。"欧阳知道，事实恰恰相反。于是，便通报上司，告知已经纠正了这一错误。上司很感谢欧阳发觉了他的疏忽。

第二天向上呈报的图表未出丝毫纰漏，上司对欧阳做出的努力再次道谢。不久，欧阳发现自己的薪酬有所增加。

上司并非全才，在工作中也会遇到许多难题。解决这些难题也许不是你的分内工作，可是这些难题的存在却阻碍着团队的前进，如果你能够帮助上司解决这些难题，你在成功的路上无疑会前进得更快。

如果你想取得像上司今天这样的成就，办法只有一个，就是比上司更积极主动地工作。

但事实与此恰恰相反，很多人认为，公司是上司的，自己只是替别人工作，工作得再多、再出色，得好处的还是上司，于己何益？存有这种想法的人很容易成为"按钮"式的员工，天天按部就班地工作，缺乏活力，有些人甚至趁上司不在就没完没了地打私人电话或无所事事地遐想。这种想法和做法无异于在浪费自己的生命和自毁前程。

4.眼观六路,及时发现升迁职位

有不少人这样看待自己的晋升之路:“路漫漫其修远兮,吾将上下而求索。”的确,在竞争激烈的现代社会中,晋升可不是一件容易的事情——职位有限,人数众多;快速晋升更是可望而不可即。那么,诸位职场人士在“上下求索”的时候,是应自己主动去寻找并发现升迁机会,还是被动地等待着升迁机会的来临呢?

以前的晋升之争往往发生在某个职位出现空缺,或者是某一张办公桌空出来之后,但是现在的你可不要拘泥于这些条条框框。升迁的机会很多,公司在成长,你的职业能力也在不断提高,这些都有可能成为你升迁的先决条件。发现了这些条件,就等于发现了一个升迁机会。

关磊在著名的传播机构进行分析工作,负责拟定计划来协调各部门之间的工作。他发现公司正好有一个晋升的机会,其主要职责就是对总公司旗下文豪公司进行改组。在进行分析的时候,关磊得出了这样一个结论:文豪电影制作公司虽然一直在亏损,但它是可以扭亏为盈的。想要达到这一目的,就必须要卖掉电影制片的股份,把业务集中在咨询顾问以及推销新产品方面。关磊做了一份具体的市场开拓计划,并将其提交给了上司,上司对此大为赞赏,当即决定把关磊提拔为文豪公司副总裁,主管市场开拓。就这样关磊得到了晋升机会,负责整个电影公司的运作。果然,不到一年时间,他就展现出了他卓越的才能,使得文豪公司开始赢利。就这样,他既巩固了自己的晋升职位,也为以后的继续晋升积累了无可争议的资本。

与其被动等着升迁的机会，不如主动发现升迁的职位，这样反其道而行的方式也许真的可以让你一步登高。

张文娟本来是公司销售部的员工，又到一年招聘时节，企业的老总非常重视这件事情，亲自安排相关事宜。张文娟觉得这是一个进入人事部的好机会，于是，她安排自己偶然在电梯当中遇到老总，直截了当地说："总经理，一看到你又要招聘优秀的员工进来，就让我回忆起自己当年来的情景。当时我就觉得如果我进了公司，就是公司的一分子，不是普通的打工人员，一定要经营好自己的家，这样才有奔头！"老总一听，明白了是怎么回事，权衡之下，随后发布了她的升职通知。张文娟从销售部直接跨入了人事部，担任招聘和面试工作，不仅使得自己的才能得到了发挥，还升了职，可谓一举两得。

另外，你还可以借着出入其他部门办公室的机会和别人寒暄一两句，从中捕获有价值的消息，以尽快得到晋升的机会。如果有升迁的职位比较适合自己，就一定要尽力争取。

觉得自己该被提升的时候，就要勇敢地跟老板说，你不争，永远没有人给你出头的机会。主动发现晋升的机会并主动出击，你才有可能在升职的路上越走越远。

当然，发现并把握机会是一回事，能否胜任又是另一回事。"打铁先得自身硬"，关键还得看你有没有这个能力接替新的职务，以及你的上司是否认可你的这份能力。

5.申请加薪要不卑不亢

没有一个员工不想获得丰厚的薪水，因为它不仅能让你拥有更加优越的生活,同时也是对你的能力的一种证明。可是在现实中,我们时常会看到这样一种现象:自己付出了诸多的努力,但到了最后的关头,却什么也没有得到;而另一个同事非但加了薪,还得到了提升。

事实上,这其中隐藏着公司在给员工升职加薪时的一个“潜规则”。你若对此一直不得要领,那么,等到你身边所有的同事都升迁和加薪时,你会依然一无所获。也就是说,升职加薪是讲究策略的,如果你没有勇气向老板提出加薪或者是毫无策略地要求加薪,那加薪就真的无望了。

当然,当上司允许你提出加薪申请的时候,你也不能狮子大开口,那不仅不现实,而且有损你在上司心中的形象。

那么,要求加薪都有什么策略呢？以下几点可以借鉴。

(1)加薪必须自己提出申请

每个人都认为自己应该得到加薪，自己的付出应该得到公司更高的奖励。但是,似乎向上司提出加薪的要求总是很难,大部人都是顾虑重重,担心上司的脸色会因为加薪的要求而变得十分“难看”,会因为加薪的要求而大发雷霆,甚至会因为加薪的要求而将自己炒鱿鱼。这些原因导致大部分人都不会自己去争取，而是坐等着公司主动好心地为其加薪。

事实上,你应该很清楚,从来不会有这样的好事从天而降,每一个老板都十分抠门,就算是在大范围的加薪活动中,也会分厚薄轻重。

所以,不要做“无要求”的那类人,你想要得到加薪,就必须自己主动提出申请。

(2)找到申请加薪的最佳时机

想要使自己加薪的主张得到上司和公司的支持，你必须选取最佳申请时机。

最佳时机通常只有两个：其一，公司正是财大气粗、牛劲冲天的时候。比如，公司刚刚取得政府拨款支持，或是刚刚做成一个大项目，财务上十分充实盈足。其二，自己刚刚完成某项工作任务，为公司做出了重大贡献，公司进行论功行赏的时候。

(3)准备充分的加薪申请

有了加薪的主观意愿，又有了加薪的最佳时机，接下来，你要做的就是准备一个充分的加薪申请。

首先，你要明确地列举出自己距上次加薪以来所取得的重大成就和突出表现，比如，为公司赢得了大单，获取了巨额利益；为公司开源节流，节省了大额支出。充分的数据比一切言语都来得令人信服，这些将成为你要求加薪的有力证据。

其次，你应该做好功课，了解自己这个职位在市场上的普遍薪资标准，然后提出一个合适的薪金要求(一般的加薪要求涨幅为10%)。

最后，你应该写一份简单明了的加薪申请报告，涵盖上述两点，用来向上司表明自己的要求十分合理，并不过分，证明自己的价值完全配得上自己所提出的加薪要求。

当然，即使掌握了最佳的申请时机，满足了所有的加薪条件，也并不意味着这样的加薪申请一定能够得到上司或是公司的支持。在这其中，我们经常会触犯一些禁忌，从而丧失宝贵的机遇，甚至会威胁到将来的前程。

错误禁忌1：成为同级别职员中的顶薪者。千万不要让自己的薪水成为同级别职员中的顶薪者。枪打出头鸟，这意味着你必须创造出较他人更高、更多的利润。如果无法做到,你的下场一定会很悲惨。

错误禁忌2:用谎言来威胁上司。如果你还想待在公司,在要求加薪的时候,就千万不要威胁你的上司。比如说,不给我加薪,我就离开公司去另外一家条件更好的公司。要知道,威胁的结果通常是你为了一个莫须有的好工作打包走人。

错误禁忌3:因为无法满足而抱怨。如果你还想待在公司,那么,即使加薪的结果并不如你的期望,也请千万不要抱怨。

错误禁忌4:狮子大开口。要求加薪的涨幅一般应控制在10%以内,这几乎是公司所能承受的最高限度。即使你所体现出来的价值再高,也一定要给自己留有余地。

错误禁忌5:频繁申请加薪。一年一次的加薪申请是最稳妥的间隔期限。因为,你正好可以利用这一年时间,向公司证明加薪之后,你所发挥出的更大价值,同时也为自己下一次加薪构筑坚实的后盾。

6.午餐是巩固职场人脉最有利的时间

一周之内,你有多少次和同事共进午餐?这个问题是用来判断你在午餐这一用于了解周围环境的工具上,投资的时间和精力是否足够。

或许你会觉得,这实在是过于夸大了职场中某些细节的作用——但是,如果你曾经听说过“蝴蝶效应”,就会觉得在吃午餐这件事上稍微花点脑筋是理所应当的了。

跟自己部门的同事一起吃饭,不但能让自己更加融入这个集体,也可以将不方便在上班时候说的话在饭桌上以非正式的口吻说出来。饭桌本身就具有社交的独特优势。除了能从饮食口味、经济状况乃至于性格特点等角度观察你的同事，如果你够细心，同事对工作、部门、公司的看法你也可见端倪。

跟不同部门的同事吃饭，则是扩大信息来源、加强横向沟通的好机会。在这种非正式的场合里，更容易了解到在办公室格子间里不大容易了解到的边边角角的信息，诸如经理最近换了新车、小王的客户跟老婆离婚了之类的，没准在关键时候就能派上用场。特别是在公司调整、变化，或是在有重大举措即将出台的时候，多跟同事抱团吃饭，有助于你从不同角度全面了解大局，对自己在关键时刻做出选择也会有所助益。

懂得和办公室同事共进午餐的艺术，远比懂得如何和客户厂商吃饭来得根本且重要。毕竟，得先安内才能攘外，如果你连公司里都摆不平，就算你再会抢订单，又有什么用？

比起和客户吃饭，和同事共餐其实更困难。同事之间彼此竞争却又合作，利益关系一致（替公司部门赚取最大利益）却又不同（替自己争取升迁加薪）。特别是竞争激烈的商业组织，往往在表面上很和谐，但私底下却是暗潮汹涌。

和同事吃饭是门大学问，需要花时间揣摩学习。若不能掌握好与自己部门同事的关系，在外面再会打拼都是没有用的，因为同事们的几句闲言闲语，就能够让你的功劳瞬间化为乌有。

如果在中午用餐时间，老是一个人躲开同事自己出去吃饭，在上司眼中，肯定会认为这样的员工不合群，无法融入组织；反之，还没到中午，就积极热情地拿出订餐菜单，询问部门里同事中午要吃什么的人，则是热心过头，容易被贴上狗腿的标签。虽然这个人或许工作能力很强，但同事却容易在无形中对这样的人形成防范。

最好的做法是，一周五天，几天和同事用餐，几天和客户、朋友吃饭，视情况而定,绝对不要把时间全都留给客户或同事。

当然,刚刚加入公司的新人很可能会在临近午餐的时候有些焦虑:去哪里吃?跟谁去吃?其他人成群结队、熟门熟路地走了,剩下自己尴尬落单,不知道该叫外卖还是该去找快餐店。

融入新环境需要时间,这是很自然的。别人体察到你的情绪,那是你运气好,遇到了体贴的同事——但别人没有义务这样做。如果因此就患上社交恐惧症,无疑会给职场生涯带来极大的负面影响。不妨把吃午饭看作一种交际方式,把它当作与同事建立友谊的机会,若别人不向你提出邀约,你也可以试着主动加入,不要怕,很少有人会拒绝一个开朗热情的新同事。

7.做个聪明的“经济型”员工

以色列有一则寓言:一天,克尔姆城里的补鞋匠把一个顾客杀了。于是,他被带上了法庭,法官宣判将他处以绞刑。判决宣布之后,一个市民站起来大声说:“尊敬的法官,被你宣判死刑的是城里的补鞋匠!我们只有他这么一个补鞋匠,如果你把他绞死了,谁来为我们补鞋?”

克尔姆城的市民这时也异口同声地呼吁。法官赞同地点了点头,重新进行了判决。“克尔姆的公民们,”他说,“你们说得对,由于我们只有一个补鞋匠,处死他对大家都不利。城里有两个盖房顶的,就让他们其中的一个替他去死吧!”

这样的故事只可能在寓言里出现，但从这个故事中也能引出一个重要的经济学概念——替代效应。

替代效应是指由于一种商品价格变动而引起的商品相对价格发生变动，从而导致消费者在保持效用不变的条件下，对商品需求量的改变。比如，你在市场买水果，看到橙子降价了，而橘子的价格没有变化，在降价的橙子面前，橘子好像变贵了，这样你往往会多买橙子而不买橘子。

替代效应在生活中非常普遍，我们日常的生活用品大多是可以相互替代的。萝卜贵了多吃白菜，米贵了多吃面。一般来说，越是难以替代的物品，价格就越是高昂。比如，产品的技术含量越高，价格就越高，因为这类产品只有高技术才能完成，替代性较低。再比如，艺术品之所以价格高昂，就是因为它是一种个性化极强的物品，找不到替代品。王羲之的《兰亭序》之所以价值连城，不仅仅是因为它的艺术水平极高，也是因为它只有一幅。

其实，在我们的工作中，替代效应也在发挥作用。那些有唯一技术、特殊才能的人在企业里是“香饽饽”，老板见了又是加薪又是笑脸，为什么？因为他们难以取代。而普通员工，企业很容易从劳务市场上找到替代的人，中国是人力资源大国，你不愿意干，想干的人多的是。对于别人的薪金比自己高，不要吃惊和不平，而是要努力提升自己，只要使自己具有不可替代性，待遇自然会提升。

替代效应在人们的日常生活中无处不在，我们要认识并充分利用这种效应，做一个聪明的“经济人”。

沃尔玛亚洲事务主管有一位私人助理，他是一位善解人意的年轻人，总能第一时间领会主管的意图，很受主管的倚重。在工作上，每天的日程表、记录、会议安排，助理都会按照主管的意图妥善安排，让主管工作得更省心、更高效。

对于主管生活上的小细节,助理也想得很周到。由于主管健康状况不佳,他就与主管的私人医生保持密切联系,并随身携带一些必备的药品。他还着意了解了主管的习惯和爱好,对主管的饮食起居做了妥善安排。一次,主管出差来到日本东京,一进下榻酒店的房间,就惊喜地发现窗帘是自己最喜欢的米黄色,床上则摆着自己平时习惯用的那种枕头——原来,助理早在两天前预订房间时,就已安排好了一切。

有一次,主管委派这位助理到美国去处理一些事务。刚走没两天,主管就感到很不习惯,他对一个下属抱怨说:"他这一走,我就像失去了右手,只能用笨拙的左手来工作,这可真是要命!"最后,在主管的频频催促下,助理迅速处理完美国的事务,返回亚洲。

后来,主管因健康的原因辞去了工作。在他的极力推荐下,那位助理接替了他的职位。

"上司最离不开你",这是不可替代员工的一个重要标准。在秘书、助理这些职位上,这一点表现得尤为充分。

想要变得"经济实用",让上司离不开你,需要记住以下几点:

(1)工作时间不要与同事喋喋不休,这样做只能造成两种影响:一是那个喋喋不休的人觉得你也很清闲;二是别的人觉得你俩都很清闲。

(2)不要在老板不在的时间偷懒,因为你手头被打了折扣的工作绩效迟早会将你的所作所为暴露无遗。

(3)不要将公司的财物带回家,哪怕是一只鼠标垫。

(4)不做夸张的装扮,工作场合绝不选择半尺厚的松糕鞋与有孔的牛仔裤,否则,你的这种装扮会让别人无法集中精神,同时制造出与业务极不相称的气氛。

(5)不要仅为赚取更多的钱,就为公司的竞争对手做兼职;更不要为了私利,将公司的机密外泄。这是一种职场上的不忠,是员工之大忌。

(6) 不要把自己淹没在电子邮件中,除非你正在等一个很重要的回复,否则没有必要立即或时时刻刻阅读邮件。预留一段时间,一次性做出处理。

(7)不要每日都是一张苦瓜脸,要试着从工作中找寻乐趣,从你的职业中找出令你感兴趣的工作方式并尝试多做一点。试着多一点热忱,可能你就只欠这么一点点。

(8)不要推脱一些你认为烦琐及不重要的工作,要知道,你所有的贡献与努力都不会被一直忽略。

(9)不要忘记工作的满足感来自一贯的表现,因此要不断充实自己的专业知识,为公司整体利益做出直接贡献。

对于一个员工来说,尽管学历、资历、责任心和业绩都非常重要,但仅仅拥有这些远远不够,你必须尽快、尽力、尽早地发现和挖掘自己身上的"优势",把自己塑造成一个"不可替代"的员工!

8.采用差异化的策略,将你与他人明显地区分开来

差异化手段是找出自己的与众不同之处,向市场提供有独特利益的产品或服务,从而取得竞争优势的一种方法,这是很多企业在与对手竞争中所采用的方法。

一种红色罐装饮料王老吉在饮料商品中悄无声息地"熬"了7年,以前

很少有人知道这个牌子，即便喝过的人也只把它当成普通的饮料，但是从2002年开始确定“预防上火”这一鲜明的价值后，通过不断的市场渗透，王老吉品牌一路走红，销量直线上升。2002年王老吉年销售额1.8亿元，2003年销售额6亿元，2005年销售额超过25亿元！为什么王老吉前后的销售量对比会这样明显呢？就是因为“预防上火”这一核心价值将这一品牌与其他品牌饮品明显地区分开来，从而避开了与可口可乐、芬达、鲜橙多等众多知名饮品之间的激烈竞争，杀出了一条血路。

建立个人品牌也需要采用差异化的策略，将你与他人明显地区分开来，即心里要清楚你的优势是什么，怎样凸显自己的优势，用什么赢得客户，客户因为什么而选用你。

世界上没有人是十全十美的，都或多或少地存在一些缺陷，有缺点和不足并不可怕，可怕的是不懂得通过差异化的手段打造出自己的优势，做到扬长避短。

阿布大学时学的是会计，毕业后在一家公司做一名普通的会计，但是做得不是很好，后来转行做了广告策划。对广告这行业，他不是太专业，但是有一点是谁都比不了的——他发挥自己的专业专长，将广告成本控制得很严格，就连公司里那些科班出身的广告策划人员都无法与其相媲美，而在广告行业中能拥有这种专长的人才几乎寥寥无几。如今的他已经当上了广告公司的总监，每月领着丰厚的薪水，福利待遇也很令人艳羡。

通过差异化手段凸显自身的独特优势，让自己变得与众不同，身价就会大大得到提升。因为某个企业对你产生需求时，无法在市场找到具备跟你才能一样的人，自然会出较高的薪水雇用你。

使自己变得与众不同，不仅需要挖掘和培养自己的独特优势，还要让别人知道你的独特之处，这就需要你在向雇主描述你的专长时要尽可能具体一点。如果你不能向别人细致地描述你的专长，你在别人心目中的印象就会大打折扣，时间长了，别人就会忘记你。

在美国耶鲁大学每年一度的入学典礼上，校长都要向全校师生特别介绍一位在某方面很优秀的新同学。有一年，校长介绍的是一位会做苹果派的女同学。在多才多艺的众多新生中，为什么只有这位女同学受到了校长的注意呢？原来，新生在介绍自己的专长时都很笼统模糊，有的说有绘画才能，有的说有音乐天赋，有的说自己的字写得很棒，有的说自己的厨艺不错……唯独这位说擅长做苹果派的女生给校长留下了具体的印象，所以受到了校长的推荐。

生活中类似的例子并不少。在商品中，上面提到的王老吉的例子采取的就是这种做法；肯德基之所以能与麦当劳抗衡，就是因为采取了与之不同的经营理念。麦当劳更适合欧美人口味，肯德基则更适合中国人的口味，因此更容易打开中国这个广阔的市场。一个人也是一样，要想在同质化的市场中找到对自己有利的位置，就必须做到人无我有、人有我新、人新我变，经营自己的特长。

让自己变得与众不同的差异化手段还可以是开辟一个全新的领域。一些传统领域竞争过于激烈，含金量已大大降低，如果你能另辟蹊径，转向一些有发展潜力的新兴领域，更能体现你的特殊价值。

此外，提供市场上比较稀缺的产品或服务也是一种差异化手段。品牌的稀缺性可以提高品牌的价值。欧洲经济学大师亚当·斯密曾用水和钻石的价格比较说明“稀缺资源”的珍贵。他说水是人类生存不可或缺的资源，但水在自然界存量太大，所以水的价值很低；钻石虽不是必需品，但比较稀缺,所以其价值就高。但在沙漠中,两者都很稀少,由于水是生存的必需品,价格要比钻石更高。

许多知名企业就是抓住市场上存在的需求信息,提供稀缺的产品或服务,从而使自己在激烈的市场竞争中脱颖而出。

四川一位海尔洗衣机用户反映,洗衣机质量不好,出水口经常被堵住,原来他经常用洗衣机洗红薯。一般人得知这一原因后,会认为这位顾客太愚蠢了,怎么可以用洗衣机洗红薯呢?但是,海尔并没有这样认为,反倒认为这是非常宝贵的信息。于是,他们从市场需求出发,推出了一种既可以洗衣服又可以洗红薯、洗土豆的洗衣机,满足了客户的特殊需求,以此扩大了市场份额。

总之,随着社会的多元化,消费者的需求越来越趋向个性化,没有一个品牌可以成为“万金油”,能满足所有消费者的要求。如果不懂得运用差异化这一最强势的个人品牌塑造手段,你的品牌在竞争中就很难引起人们的注意,想得到人们的认可和欢迎更无从谈起。

/第七章/

火中取栗

——真男人，创业富贵险中求

1.创业者所面临的风险

创业的过程困难重重，如果没有足够的勇气来面对抉择，失败的概率将大大增加。就像当年拿破仑进军俄国时，虽然知道情势对自己不利，但他却心存侥幸，没有果断退兵，结果遭受惨败。正因为他当时没有选择放弃的勇气，造成了终生的悔恨。相反，在第二次世界大战中，法国的戴高乐鼓起勇气，下令全军撤退至英伦，以图他日东山再起，最终战胜了法西斯。

被誉为现代管理学之父的彼得·德鲁克在接受《哈佛商业评论》采访时，评价《拿破仑传》道："读《拿破仑传》时，你只需要看前6页就行了。拿破仑之所以能成功，全在于他的坚韧、不认输、有勇气。《拿破仑传》的第6页正好讲到拿破仑跟同学打架。拿破仑个子矮，打不过，但是他下定决心，就是被打死了也要继续。这种勇气让同学感到害怕，只好道歉了事。你学会这个就行了。"

美国第32任总统富兰克林·德拉诺·罗斯福说得好："也许个性中，没有比坚定的决心更重要的了。孩子要成为伟大的人，或想日后在任何方面举足轻重，必须下定决心，不仅要克服千万重障碍，而且要在千百次的挫折和失败之后获胜。"

创业者一旦拥有了敢想敢做的勇气，也就同时有了一颗平常心。如此，不管最终的结局如何，他至少收获了过程。就像俞敏洪一样，靠的是永不言败的勇气、善于抓住机遇的能力，最终走出了一条创业成功之路。

微软创始人比尔·盖茨在接受《华尔街日报》采访时坦言："如果我有足够的勇气，我就可以像杰克·韦尔奇那样成功。别人认为比较困难的事情，我喜欢尝试一下，而我对失败的感觉不像别人那样在意。搞经营也好，搞企业也好，基本的原理都是一样的，那就是创造性。这种创造性所带来的一大风险就是很难得到公众的认可，这会使你心有余悸。因为当你将某些创造性想法提出来的时候，会有很多人认为它并不一定对，这时你禁不住会犯嘀咕，是不是我自己错了？这个时候，正是考验一个人的时候。有的人退缩了，而我进了一步，进了这一步，就把距离拉开了。"

确实，对于创业者而言，拥有敢想敢做的勇气是非常重要的，因为创业有困难总是难免的。

在非洲的塞伦盖蒂大草原上，每年夏天都会有上百万匹角马从干旱的塞伦盖蒂北上迁徙到马赛马拉的湿地，在这艰辛的长途跋涉中，格鲁美地河是唯一的水源。

这条河与迁徙路线相交，对角马群来说既是生命的希望，又是死亡的象征。因为角马必须靠喝河水维持生命，但是河水还滋养着其他生命，例如灌木、大树和两岸的青草，而灌木丛是猛兽藏身的理想场所。

不仅如此，在河流缓慢的地方，还有许多鳄鱼藏在水下，静等角马到来。甚至，湍急的河水本身就是一种危险——角马群巨大的冲击力会将领头的角马挤入激流，它们不是被淹死，就是丧生于鳄鱼之口。

创业的过程就像在荒野上前行，如果你想生存下来并成功抵达终点，就必须敢于冒险。

拥有敢于冒险的勇气是迈向成功的第一步。但需要指出的是，勇气绝不等于愚勇，不是不自量力、不计代价地横冲直撞。

人类从事企业经营活动的历史已有千年之久，但又有谁见过千年的企业？即使百年老店现如今也显得弥足珍贵。

据美国《财富》杂志统计，美国大约62%的企业寿命不超过5年，中小企业平均寿命不到7年，一般的跨国公司平均寿命为10~12年，世界500强企业平均寿命为40~42年，只有2%的企业存活到50年以上。

如今，全民创业成了时下最流行的口号。但创业毕竟是一个充满风险和挑战的人生历程，是冒险者的游戏，是一个人带领自己的团队，为了一个共同的目标进行的探险之旅。因为未来是未知的、不可控的，所以在出发以前，一定要客观而全面地评估一下可能遇到的各种风险。

大致而言，创业者所面临的风险主要有以下几种。

(1)机会成本风险

所谓机会成本风险，是指创业者选择创业的同时放弃了自己原先所从事的职业。一个人只能做一件事，选择创业就意味着你会失去其他的选择。

举一个简单的例子,甲和乙是大学同学,二人同时进了一家公司从小职员做起。甲权衡再三,选择了创业,辞去了在公司的职务;乙认为自己不适合创业,于是选择老老实实地做一个本分的小职员。对甲而言,原先有一个职业可以将就温饱,现在辞去工作,不但失去了稳定的收入(薪水),而且连医疗保险、养老保险、住房福利等都没有了。假如甲将来创业成功,有着发展前景良好的企业,那他就比乙成功,就算乙坐上了公司总经理的职位,也不过是为他人打工;但如果甲创业失败了,几年以后不得不到另一家公司去做小职员,那么相对乙而言,甲不仅失去了几年的福利,也失去了几年的工作资历,另外,年龄的原因也会使甲丧失一些机会。

这种机会成本风险是每个创业者都应认真考虑到的问题。如果你认为目前创业的时机成熟,正好有一个很好的商业机会,那么就狠下决心,立即着手创业;如果你觉得没有什么太好的商业机会,而且自己对公司经营运作管理所知甚少,则可以暂时不辞去工作,而是边工作边认真观察,看看所在公司的各层领导是如何工作的,也可以学习所在公司开拓市场的技巧以及公司老总管理公司的技巧。平时设身处地地将自己当作公司老总,对不同的情况做出决定,然后和公司老总的决定比较,让事实去检验自己的决定正确与否。此外,你还可以边为公司打工,边留心建立良好的商业关系网,等待时机成熟时,再开始创业。

(2)健康风险

健康是1,其他都是0。有了健康,就好比银行账户上有个1,其他的都是1后面的0。在拥有健康的前提下,其他的东西越多,说明你的人生越丰富;如果没有健康,其他的一切再多,人生也只是无数个零,没有一点意义。如今,很多人把健康视作除了吃喝穿用之外又一基本需要,这是非常有道理的。

创业是一件繁重、复杂的事,创业者有可能会对此估计不足。由于创业者自己当老板，需要统筹一切，方方面面都要照顾到，因而总是非常忙。创业者刚开始都很年轻，靠一股冲劲支撑着身体，但时间长了，就会引起很多健康上的问题。如胃溃疡、神经衰弱、偏头痛等都是创业者常见的病征，严重者甚至会精神失常。所以，创业者对健康风险要有充分的估计。

大体上，创业者面临的健康问题主要来自两方面：一方面是体力透支、过度疲劳；另一方面是精神压力过大。

在体力方面，创业者要关心企业的每一件事，对企业的人、财、物进行细致的管理和分配。另外，创业者还会遇到来自各方面的关系往来，要频繁出差、谈判。体力超额透支，有时吃饭又没规律，或者在宴席上狂饮暴食，或者由于时间紧不吃饭或胡乱吃点方便食品，不管凉的还是热的，长期如此，即使是铁打的身体也会被拖垮。

在精神方面，创业者除了要应付公司内部的人际关系纠纷，还要为公司的赢利担忧，担心市场是否接受自己的产品、顾客是否满意、如何与竞争对手竞争等。如果公司运营得不理想，甚至赔了钱，创业者更要忍受来自各个方面的诉苦、抱怨，甚至挖苦、讽刺。尤其是当市场不景气时，创业者怎么努力也无济于事，反而使情况更糟，于是心情愈加糟糕，有时甚至可能陷入精神抑郁之中。

所以，在创业之初，创业者在心理和身体上就要做好充足的准备。这要求创业者保持充沛的精力和健康的身体。无论事情有多忙，创业者有三件事要保证每天都做：第一是吃饭，不管事情有多急，创业者都要用平和的心去享受每一顿美餐，不能一顿饥一顿饱，也不可用餐过快；第二是睡眠，创业者要保证充足的睡眠；第三是锻炼，运动不仅能使人产生α波（人的四种脑波之　，可以使人清醒放松，注意力集中，思维敏捷），而且能使大脑真正地休息。千万不能因为年轻，仗着身体好，而忽视运动，否则，等到各种病痛出现，再想补救就来不及了。

(3)家庭风险

家庭风险是每个创业者都必须慎重对待的,若考虑不周,造成后院起火,创业失败的概率会很大。如果你愿意承担创业机会成本风险,辞去了工作,那你就要认真化解因此而引起的家庭风险。首先,原先固定的收入没有了,如何才能维持家庭的日常开支是创业者必须考虑的;其次,创业者需要投入一笔本金,至于具体投入多少本金,是需要和家庭商量的;再次,是创业者开始创业后,会不可避免地把时间和精力过多地投入到创业中去,对家人势必照顾不周,这不仅会引起家人的不满,甚至会导致家庭矛盾的产生,处理不好,就会造成家庭危机;最后,在财产的分配上,也容易造成家庭危机,如果创业成功,家庭财富增多,如何在家庭成员之间合理分配使用,也是创业者应该认真考虑的问题。

另外,还有子女的教育问题。如何在兼顾事业的同时做到关心他们、疼爱他们,使他们走上成功的人生道路,也是创业者不可忽略的问题。

2.成功的创业是科学规划的结果

创业虽然充满了冒险,但却绝不是盲人摸象。从科学规划的角度来看,创业实践是一次科学规划的探险游戏,有规划地创业是成功创业的前提条件。创业行动,规划先行。创业规划虽不是万能的,但却能大大提高成功的概率。一个创业的成功者一定是一个能够把握大多数商机的人。

中国著名创业者史玉柱先生，开展“脑白金”业务，3年多时间使销售额达到10亿元以上，之后又推出另一个保健品黄金搭档，依然在3年内实现了高额赢利。如果说上述两个属于相关产业成功模式的复制，那么他于2004年进入网游产业，并于3年后在美国纽约证交所上市，则是另一个产业的创业神话。而如今，他的黄金酒再次撼动市场，力图打造一个高端的礼品养生保健酒品牌。

还有携程四君子，几乎都进入了风险投资领域。其中之一的季琦先生通过携程网的成功，继而又进入经济性酒店领域，如家成功上市后，他又再次成功地运作了汉庭酒店。

世界上最负盛名的投资人孙正义投资了包括盛大网络、阿里巴巴、新浪、网易、8848、当当网、淘宝、顺驰不动产、分众传媒等众多著名的企业，许多企业都获得了成功。

近几年来，国际风险投资机构的进入和对中国企业的大力投资以及中国民营资本创业基金的发展，都给创业带来了新的机遇。从本质上说，风险投资机构虽然不能够全面介入企业的运营，却能够在战略和历程上进行规划和指导，甚至在后段进行帮控。由于一个风险投资机构具有多个行业、众多企业的投资经验，因此其帮助企业成功的能力是非常强大的。

对于许多成功的创业者而言，结合过去的创业经验和运作方法，对新的创业项目进行运作无疑更加得心应手，并且能增加创业成功的概率。草根创业者如果能够接受系统的创业实践管理教育，那么成功的概率也会大大提升；反之，则更容易失败。

(1)创业要有承担风险的意识

创业最大的风险是什么？最坏的结果是什么？我是否能承受？一般人开始创业时都是只想到乐观的一面：公司一开张，几个月内如何赢利、回收资本,但对风险的出现缺乏一定的心理准备和相应的应对举措。

一位成功的企业家曾说过,创业时要从最坏的结果打算,你能承担多大的损失、支撑多长的时间、如何应对创业瓶颈阶段,才是最重要的。做企业,产品开发风险、市场风险、资金回笼风险、供货商的风险等时刻围绕在你的周围,你必须时刻保持清醒的头脑,防患于未然。

(2)经营管理能力最重要

对于创业者来说,经营赚钱的能力是最重要的,只要有非常出色的经营能力,自然会找到投资者,很多投资家天天都在找好项目投资。

这个时期,创业者个人的能力非常重要,事无巨细,都要自己亲自动手。在创业者的个人能力中,业务能力、开发客户能力、综合应变能力十分重要。其实,在很多时候,创业者就是一个业务经理,能够拿到订单,什么都好办。很多创业成功者都是做业务出身,有了客户,有了订单,事情自然就变得容易了。

(3)创业要有足够的资源

很多人在初次创业的时候,都十分欠缺资源。资源不足,会使创业成功的概率降低,但要获得充分的资源也不太容易。在资源储备上,一般来说,至少要符合两个条件中的一个:一个是要具备一个行业的起码的资源,另一个是要具备差异性资源。如果任何条件均不具备,创业成功的可能性就很小。

创业资源条件主要包括几个方面:业务资源——赚钱的模式是什么;客户资源——谁来购买;技术资源——凭什么赢取客户的信赖;经营管理资源——经营能力如何;财务资源——是否有足够的启动资金;行业经验资源——对该行业资讯与常识的积累;行业准入条件——某些行业受到一些政策保护与限制,需要进入资格条件;人力资源条件——是否有合适的专业人才。

以上资源,创业者不需要100%具备,但至少应具备其中一些重要条件,其他条件则可以通过市场化方式来获得。

3.创业者的综合素质决定企业的未来

其实,机会对于每个人都是平等的,每个人都可以为自己的人生目标做出不懈的努力。可是造化弄人,这个世界总是有人出类拔萃,而有的人虽然吃了很多苦,流了很多汗,却一生平庸。这是为什么呢?因为不同的人的综合素质不同,这导致了成就的差异。

对于一个人,综合素质主要包括五个方面:品德、精神、智商、情商、行为素质。

(1)优良的品格,诚信的经营意识

机遇对于每个创业者都很重要,但机遇究竟垂青什么样的人呢?无疑是具有优良品质、高尚情操的人。而对于创业者,品质最直接的表现就是诚信。

李嘉诚成功秘诀的核心只有两个字:诚信。正如他所说:"我绝不同意为了成功而不择手段,如果这样,即使侥幸略有所得,也必不能长久。"

李嘉诚是从生产塑胶花开始驰骋商界的。当初,李嘉诚想与外商签一批订单,为了确保自己有供货的能力,他需要寻找一家有实力的工厂做担保。李嘉诚白手起家,没有背景,跑了几天,磨破了嘴皮子,但无人愿意为他做担保。无奈之下,李嘉诚只好对外商实言相告。

而结果却让所有的人感到意外,李嘉诚的诚实感动了对方,外商对他说:“真没想到,在‘无商不奸、无奸不商’的时代,你竟然能够如此以诚相待。从你坦白之言中可以看出,你是一位诚实的君子。”于是,外商决定,即使没有一个人愿意为李嘉诚做担保,他也要与这位具有诚信精神的人合作一回。他对李嘉诚说:“我深信,诚信不仅是你的做人之道,更是你的经营之本,你是一位令人尊敬的可信赖之人。为此,我愿预付货款,以便为你扩大生产提供资金。”

诚信是一个创业者最重要的资产，这个资产可以给创业者带来信任和财富。如果创业者失去诚信,那么他或许可以获得暂时的成功,但是想取得长久的成功是不可能的。

(2)良好的精神素质

精神是一种莫名其妙的想象力，这种想象力能够超越一个人智力和情感的弱点。很多时候,创业者在遭遇巨大困难时,在外人看来,是无法解决的，但创业者却能依靠自己的精神素质激发出自己的无限潜能,并且变得充满智慧。这有时让人觉得非常奇怪且神秘。

很多企业家将精神转化为一个企业共同的价值观和精神指导，于是就有了企业文化。文化的力量之所以伟大,就是因为它代表了某种统一的价值认识和精神力量,这种力量能超越人们内心的恐惧、怯懦,激发智力,从而获得成功。

(3)智商

每个人都在接受提高智商方面的教育，中国的教育特别注意提高人的智商,具体包括阅读、写作、算术、逻辑等方面的知识。

(4)情商

高分低能说的就是那些智商高但是情商很低的人。作为一个企业家,情商比智商更加重要。

情商包括一个人的心理素质和感性思维。一个人能否控制自己的情绪,调整自己的心态,这些都是情商。

世界巨富沃伦·巴菲特在有人问他为什么比上帝还富有时说:"这个问题很简单,就像聪明人会做一些阻碍自己发挥全部工效的事情,原因不在智商,而在于心理素质。"当时在场的比尔·盖茨深表赞同。

情商对于创业者而言是非常重要的。为什么很多没有上过大学的人能够创业成功?例如,华人首富李嘉诚只上到中学毕业,台湾经营之神王永庆最初只是一个店伙计,曾经的中国首富刘永好最初则是乡村教师。因为这些人都具有非常高的情商。这就是为什么并不是学问越高或者智商越高就越容易赚到钱的道理。

(5)行为素质

行为素质主要包括行动能力、动手能力和实践能力。很多人只会空想,缺乏真正的动手能力和实践能力,这也会阻碍他创业。以温州和义乌商人为例,他们从十六七岁就开始进入商业环境,并且不停地在生意中磨炼自己,从而锻炼出了非常强的行为素质,因此能够成功地赚钱和创办自己的企业。

实践能力和行为素质是一个创业者必须具备的素质,因为创业者不仅仅是规划者,更是践行者。

4.选拔员工要慎重

创业选拔员工,不可忽视基层岗位。从最基层开始,首先就要把不适应工作岗位的人清除掉,留下合适的基层员工。

英国学者诺斯古德·帕金森认为,一个平庸官员有三种选择:一是让贤,让更称职的人接替自己;二是找一个能干的人给自己当助手;三是任命两个不如自己的人做助手。

人是有嫉妒心的动物,不愿让别人凌驾于自己之上是人的本能。

一般说来,平庸的人不会采用第一种方法,因为这意味着他将失去权力和与之相关的利益;他也不愿选择第二种方法,因为能干的人会得到上司的赏识,进而超越他。

所以,他宁愿把能干的人才压在底层,让他永无出头之日。于是,两个平庸之辈被推荐到副职岗位上,分担他的工作,他本人则高高在上发号施令。而两个副手也上行下效,再找两个更平庸的人做助手。机构臃肿、人浮于事、相互扯皮、效率低下的领导机构就这样形成了。

这就是大企业最容易患上的"帕金森综合征"。

暮气沉沉的公司大都患有"帕金森综合征",要想恢复活力,唯有"动手术",吐故纳新,撤换平庸者。

在任何地方,可以让员工无拘无束地张扬个性,或是完全以自己的喜好来行事的公司都是不存在的。任何一个人都存在于制度中,规章制度是每一个企业都必需的。下自普通职员,上至公司最高层,都必须以此来约束自己的行为,或是以此作为自己的行为准则。

一个没有制度、没有企业文化的公司势必会是一盘散沙;同样,一个拥有制度而不严格按制度办事的公司,势必不能有效地端正员工的工作态度与作风,不能改善企业的不良形象。

所以,纪律就是企业的生命!一个高明的企业管理者,应不只注重公司制度的建设,更注重这些制度的实施,因为这本身就是管理工作的一部分。

虽然不同的公司有不同的管理理念,对员工不同的表现会做出不同的反应,但有一点是可以肯定的,那些无视企业纪律、无视公司荣誉的员工,无论走到哪里都不会受欢迎。或许他们的一些行为对企业来说无关痛痒,但一旦这些行为成为一种习惯,他们也就成了侵蚀企业肌体的蛀虫,最终会威胁企业的生存与发展。一个有远见卓识、能顾全大局的管理者,应随时向这些员工举起"大棒"!

对于员工偶尔的失误,如果加以正确的引导就可以让他们步入正轨,那就没有必要将他们一棒子"打死";但是,如果员工不听劝告,并且其行为会危及整个企业的管理,管理者就不能再听之任之,而要拿出严谨的作风,行使自己的权威。

日本伊藤洋货行的董事长伊藤雅俊是一位值得大家学习，以严谨著称的企业家。

在生活中,伊藤雅俊待人热情、彬彬有礼,但是在企业管理中,他从来不感情用事,他始终要求员工不能居功自傲,要忠诚敬业。凡是在工作中达不到要求的员工,他都会果断地将他们除名,其中也包括许多经营天才,岸信一雄便是其中的一位。

岸信一雄曾为公司做出过巨大的贡献,但他有一个致命的弱点,就是刚愎自用、目中无人。当伊藤雅俊做出解雇岸信一雄的决定后,许多人都感到震惊,也有人为岸信一雄求情,伊藤雅俊回答这些人的第一句话便是:"秩序与纪律是企业的生命,不守纪律的人一定要处以重罚,即使会因此而减低战斗力,我们也在所不惜。"

岸信一雄是由东食公司跳槽到伊藤洋货行的。东食公司是一家食品公司,所以,岸信一雄对食品的经营颇有心得。他的到来为伊藤洋货行注入了活力,十多年的时间里,他为公司做出了巨大的成绩。正因为如此,岸信一雄逐渐开始放松自己，在一些经营观念上与伊藤雅俊产生了分歧,在人际关系方面,岸信一雄也变得更加放任了。这与伊藤雅俊长期经营伊藤洋货行形成的管理风格产生了巨大的反差。

伊藤雅俊无法接受岸信一雄的做法，极力要求岸信一雄必须按伊藤洋货行的要求去改善工作态度。但是岸信一雄却不屑一顾，依然我行我素，他坚持说："你没有看到我的业绩一直在上升吗？我为什么一定要改变呢？"

无奈，伊藤雅俊只能忍痛做出解聘岸信一雄的决定。他这样做的理由是，如果企业中开始形成一种习惯势力，出现管理真空，那么任何的绩效都无法挽救因此给企业带来的厄运。

伊藤雅俊认为，企业管理者不但要知人善任，更要知人善免，只有这样做，一个企业才会真正形成能者上、庸者下的良性竞争机制。

伊藤雅俊手中的"大棒"并不只是一种道具，它时刻在警示企业所有员工：企业不是官场，更不是养老院，这里只需要奉献与自我价值的实现，而不需要权力的炫耀与毫无章法的自我演绎。

5.创业型企业一定要做到"各司其职"

创业型企业，在进入发展正轨前，面临的挑战和压力非常大。企业组织架构、系统流程、职责分工都不清晰明朗，需要安排落实的事情烦琐复杂。在这个阶段，"各司其职"显得尤为重要。

每个人在清醒的时候，都明白"各司其职"的重要性和正确性，但问题是很多时候，尤其是在创业型企业里，我们在实际工作中都有意无意淡化、弱化"各司其职"，最终闹得大家分工不明确、职责不清晰，企业发展停滞乃至退后。

(1)分工明确

创业型企业,从创业之初起,就必须明确各主要成员的分工。这是最基本的一点,也是必不可少的一点。

创业型企业最常犯的错误是：每个人都关心营销，每个人都在抓营销,每个人都要对营销进行“指点”“评价”“考核”。因为大家都明白:“营销”就是“业绩”,而“业绩”是企业生存发展的生命线;而创业型企业在创业之初,最欠缺的就是“营销业绩”,所以每个人都很重视“营销”,都要插上一手。

这种心态情有可原,但是,这种“众人全部都来抓营销”的行为,实际上就决定了营销是“多头管理”,没有人真正具体负责,也没有人会愿意成为“营销业绩”的被考评人！在这种情况下,企业的营销实质上处于瘫痪的状态,只是自然式销售。

某创业型企业召开半年度工作会议。结果,该企业的5位股东,每个人都在大会上对营销、研发、制造、行政、人事、财务等工作进行“总体评价及打分”。事实上,这5位股东在企业内部各有分工,有的挂职企业董事长,有的挂职总经理,有的挂职营销总监,有的挂职技术总监,有的挂职行政人事总监……看上去分工很合理,但是通过这次会议,就可发现企业内部分工极其不明确,所有人都在扮演着“总经理”的角色!

这种分工导致的结局就是：该企业经营始终进入不了正轨,5位股东每天废寝忘食想找出问题的“症结”,让企业进入良性发展,结果却一直不理想！事实上,这样的企业能够进入正轨,那才是不正常的——因为企业根本没有明确分工,主要成员都是在“内耗”!

当然,现在该企业已经初步进入正轨了——因为在残酷的现实面前,企业5位股东最终“忍痛”实行“壮士断腕”手术——每个人明确分工,只负责好自己的那份工作。在经历了一段时间的“阵痛”后,企业经营终于正常了。所以,分工明确是极其重要的。

(2)各尽其责

各尽其责与“分工明确”相辅相成、一脉相承。每个主要成员各自有一块负责的工作,这就需要各人将各自的工作完成好,不能“掉链子”,拖整个企业发展的后腿。

比如说企业的营销总监,他需要对企业的产品定价、营销策略、销售业绩、销售团队管理总负责,通过各种营销的方式方法,实现销售业绩的提升和增长,为企业发展提供源源不断的利润来源。

同样,企业的人事总监必须对企业人事招聘、管理、考核、薪酬设置、社保等相关工作全权负责。

补充一下:企业员工的社保问题非常重要,企业人事总监对此必须高度重视,并且专业研究,否则会使企业承担巨额社保成本。

依此类推,每个主要成员都有一个非常明确的分工,同时每个主要成员的职责、权利、义务都很清晰,都能做到“各尽其责”,企业的发展才会良性、持续。

(3)干了再说

创业型企业基本上都会碰见这种情况:创业成员以前所从事的工作与现在创业所负责的工作(分工)有一定偏差。比如,营销总监以前从事快速消费品销售,现在从事耐用消费品销售;技术总监以前从事金融行业的软件开发,现在从事财务管理软件的开发……诸如此类的情况比比皆是。

在这种情况之下,不少创业型企业就希望这些创业成员,尤其是转行过来的创业成员,能够尽快熟悉这个新的领域,然后才开始划分工作。

乍看上去,这个思路很正确,但事实上,这很不利于企业的发展和员工工作的开展。因为创业型企业没有那么多的时间,我们必须牢牢控制住"时间成本",边干边学边提高,干了再说!

有个人从事传统行业营销10多年,后转行去做IT营销,与几个志同道合的朋友一道创业。结果,前面两个月,他都快郁闷死了,因为其他几个创业成员认为他必须先熟悉IT行业,然后才能真正具体负责营销;而在这两个月内,其他几个创业成员(都是技术类或行政管理类人员)兼顾着营销工作,搞得销售一团糟,月度工作总结时还让他来"背书",他觉得非常冤枉和委屈。后来,在他的强烈要求下,企业同意由他直管整个销售工作。他在实际操作过程中,边干边学,边总结提高,不但自己很快熟悉了IT营销,企业的销售业绩也蒸蒸日上。

所以,干工作应干了再说,不要寄希望于先学会了再来干!

(4)一官一职,一职一官

简单地说,就是"一个职位,只有一位负责人;一个员工,只有一个职位"。

创业型企业在创业之初,由于人手有限,常出现"一人多职""能者多劳"的情况。但是,随着企业发展,企业必须对员工的职责、分工更加明确、唯一。一个成员只能主要负责某一项的工作,不能同时负责多项,尤其是交叉做不相关的工作。

大多数企业对"一官一职"都比较认可,也容易落实;但是,也有一些企业在"一职一官"方面容易犯大错误。

比如说,某创业型企业,事业才刚刚有点起色,主要创业成员的七大姑、八大姨、同学朋友便想"加盟"企业。创业成员往往会碍于面子人情而接纳他们,甚至来者不拒。

陈明担任某创业型企业的营销总经理,经过半年多的艰苦奋斗,企业的销售终于步入了正轨,开始每月赢利。这时,占据最大股份的企业总经理的亲弟弟看到企业发展形势不错,就提出要加入。总经理觉得这是好事,“上阵亲兄弟”,就将这个弟弟给招了进来,并且安排其担任营销副总经理的职位。由于企业规模很小,这个营销总经理和营销副总经理实际上也没有办法进行具体分工,结果就开始产生“内部争斗”。陈明在3个月后选择了退出;随后不到半年,原本经营形势看好的企业也关门了。

6.创业者必须要有决策能力

直觉和推断或许是创业者的一种能力,但模糊绝对是创业者的祸根。作为商人,你应该以利润为诱因,以尽可能小的投入换取尽可能大的回报。可很多创业者却缺乏真正的商人意识,在成长过程中,对拟定进入的产业、市场不做仔细的市场研究,对拟投入的项目不做可行性分析,对企业运作不做盈利性与风险性评估,对企业营运不做投入和回报的比较,对企业财务状况心中无数,更缺乏全面有效的掌控。当企业日进斗金、经营状况良好时,一切似乎都感觉良好;可当企业经营状况日渐萎缩时,财务危机便会日渐显露;而当企业经营状况全面恶化,财务危机便会全面爆发,企业陷入四面楚歌、穷途末路的境地,这时,创业者才知道已无回天之力。

一个公司结构无论如何简单,无论管理如何有序,公司中有待完成的工作总是远远多于用现有的资源所能做的事情。因此,公司必须要有轻重缓急的决策,否则将一事无成。而公司对自己之所知,对自己的经济特点、长处与短处、机会与需要的决策分析,恰恰也就反映在这些决策之中。

测试自己的决策力

那么,想成为领导者的你是否具有决策力呢?身为领导者的你是否又是一个优秀的领导者呢?做完下面的测试你就会知道了。

(1)你的分析能力如何?

A.我喜欢通盘考虑,不喜欢在细节上考虑太多

B.我喜欢先做好计划,然后根据计划行事

C.认真考虑每件事,尽可能延迟应答

(2)你能迅速地做出决定吗?

A.我能迅速地做出决定,而且不后悔

B.我需要时间,不过我最后一定能做出决定

C.我需要慢慢来,如果不这样的话,我通常会把事情搞得一团糟

(3)进行一项艰难的决策时,你有多高的热情?

A.我做好了一切准备,无论结果怎样,我都可以接受

B.如果是必需的,我会做,但我并不欣赏这一过程

C.一般情况下,我都会避免这种情况,我认为最终都会有结果

(4)你有多恋旧?

A.买了新衣服,就会捐出旧衣服

B.旧衣服有感情价值,我会保留一部分

C.我还有高中时代的衣服,我会保留一切

(5)如果出现问题,你会:

A.立即道歉,并承担责任

B.找借口，说是失控了

C.责怪别人，说主意不是我出的

(6)如果你的决定遭到了大家的反对，你的感觉如何？

A.我知道如何捍卫自己的观点，而且通常依然可以和他们做朋友

B.首先我会试图维持大家之间的和平状态，并希望他们能理解

C.这种情况下，我通常会听别人的

(7)在别人眼里你是一个乐观的人吗？

A.朋友叫我“拉拉队长”，他们很依赖我

B.我努力做到乐观，不过有时候，我还是很悲观

C.我的角色通常是“恶魔鼓吹者”，我很现实

(8)你喜欢冒险吗？

A.我喜欢冒险，这是生活中比较有意义的事

B.我喜欢偶尔冒冒险，不过我需要好好考虑一下

C.不能确定，如果没有必要，我为什么要冒险呢

(9)你有多独立？

A.我不在乎一个人住，我喜欢自己做决定

B.我更喜欢和别人一起住，我乐于做出让步

C.我的配偶做大部分的决定，我不喜欢参与

(10)让自己符合别人的期望，对你来讲有多重要？

A.不是很重要，我首先要对自己负责

B.通常我会努力满足他们，不过我也有自己的底线

C.非常重要，我不能贸然失去与他们的合作

计分标准

选A得10分，选B得5分，选C得1分，最后计算总分。

测试结果

24分以下：差。你现在的决策方式将导致“分析性瘫痪”，这种方式对你的职场开拓是一种障碍。你需要改进的地方可能有下列几个方面：太喜欢取悦别人、分析性过强、依赖别人、因为恐惧而退却、因为障碍而放弃、害怕失败、害怕冒险、无力对后果负责。测试中，选项A代表了一个有效的决策者所需要的技巧和行为。你可以做一个表，列出改进你决策方式的办法，同时，考虑阅读一些有关决策方式的书籍或咨询专业顾问。

25~49分：中下。你的决策方式可能比较缓慢，而且会影响到你的职场开拓。你需要改进的地方可能是下列一个或几个方面：太在意别人的看法和想法、把注意力集中于别人的观点之上、做决策时畏畏缩缩、不敢对后果负责。这样的话，就需要你调整自己的心态并做一个表，列出改进你决策方式的办法。

50~74分：一般。你有潜力成为一个好的决策者，不过你存在一些需要克服的弱点。你可能太喜欢取悦别人，或者分析性太强，也可能过于依赖别人，有时还会因为恐惧而止步不前。要确定自己到底在哪些方面需要改进，你可以重新看题目，把你的答案和选项进行对照。然后做一个表，列出改进你决策方式的办法。

75~99分：不错。你是个十分有效率的决策者。虽然有时你可能会遇到思想上的障碍，减缓你前进的步伐，但是你有足够的精神力量继续前进，并为你的生活带来变化。不过，在前进的道路上你要随时警惕障碍的出现，充分发挥自己的力量，这种力量会决定一切。

总分100：很棒。完美的分数！你的决策方式对于你的职场开拓是一笔真正的财富。

懂得轻重缓急地决策，有助于将良好的想法转化为有效的承诺，将远见卓识转化成实际行动。轻重缓急的决策体现了管理人的远见和认真的程度,决定了公司的基本行为和战略。

确定先做的事对于很多人来说并不困难,使人犯难的反而是决定“后做的事”,也就是决定什么不该做。

机会和资源的最大化原则是指导公司确定轻重缓急的准则。除非少数的几个实属第一流的资源被满负荷地用于为数不多的几个突出的机会,否则就不能说公司的轻重缓急已被真正确定。尤其是那些真正重大的机会,即那些可以实现潜能和可以创造未来的机会,必须得到它们的潜能所应得到的资源,即使以放弃眼前利益为代价也在所不惜。

但是,确定公司轻重缓急的真正重要的事情是,它们必须是自觉地和有意识地进行的。宁可做出并执行一个错误的决定,也不要因为痛苦费力或令人不快而逃避这一工作,以致让公司中的偶然事件在没有对手竞争的情况下自行确定公司的轻重缓急。

有关公司的策划、公司的优势所在及其轻重缓急方面的几个关键性的决策,可以是有计划地做出,也可以是随意为之。它们既可在意识到其影响的情况下做出,也可作为某种紧急琐事之后的亡羊补牢;既可出自最高管理层,也可出自很多层次以下的某个人,由于他的一个细节的处理,在事实上决定了公司的特性和方向。

但是,不管以何种方式,不管出于何处,这些决策总会在公司中做出。没有这些决策,就没有任何行动能真正发生。

虽然没有任何公式能为这些关键性的决策提供正确的答案,但是,倘若它们是随意之作,是在对它们的重要性茫然不清时做出的,那么它们不可避免地将是错误的答案。要想获得正确答案,这些关键性的决策都必须是有计划、系统地做出的。对此,公司的最高管理层责无旁贷。

轻者当缓,重者当急,关键决策,由于和公司生死攸关,更是一刻也不能忽视。

事实上,决策本身既是一件硬性工作,也是一件弹性工作,但不能眉毛胡子一把抓，更不能固执行事，应该采取灵活的方法，控制好决策的过程，该先就先，该后就后，做点弹性处理也是管理人的智慧所在。即使最优秀的领导者也会不可避免地做出一些错误的决策。对此，钢铁业巨头肯·埃佛森有过一段精辟的论述："从哈佛取得工商管理硕士可以说是不错的了，可是他们所做的决策有40%都是错误的。最糟糕的领导者做出的决策则有60%是错误的。"在埃佛森看来，最好的和最糟的之间只有20%的差距。即使经常出现差错，也不能因此就回避做出任何决策。埃佛森认为："管理人员的职责就是做出种种决策。不做决策，就无所谓管理。管理人员应该建立起一种强烈的自尊心，积极地敦促自己少犯错误。"

掌握了正确的思路，领导者们完全可以把错误率降低。正确的思路即是对决策的难易程度做到心中有数，处理棘手的问题一定要格外谨慎。

7.领导者的关注具有改变他人的力量

当你观察某一事物的时候，观察行为本身就能使观察对象发生改变。观赏性体育运动就是最好的例子。所有的运动员都会告诉你，观众有一种能量，能对他们在场上的表现产生巨大的影响。

作为领导者，假使你只是在观察一名高管人员工作，你的观察行为本身就会影响他或她的工作表现。我们都希望产生的是好的影响，但也有可能会相反。

当注意某件事的时候，你的预期、意向、期望、恐惧、怀疑、嫉妒以及想法和情感实际上都在不停地运转着,都在影响着自己注意力所聚焦的对象。当真正理解观察行为本身能使观察对象发生改变这一现象,并从心底相信这是事实时,你就不能再进行任何无意识地观察。你对观察对象至少要承担部分责任,因为我们能使被观察的事物发生变化。

作为领导者,你的关注具有改变人、事、条件、结果的力量,这条原理使你肩负重任。

作为一个领导者,你要明白一个道理,即所有人包括你自己在内,都要受作用力与反作用力法则的制约。你要对这个事实始终保持高度的敏感。通过自己领导的组织,你将拥有产生巨大影响的力量。当运用这一力量的时候,你要始终保持清醒,要知道你所产生的巨大影响终究会反过来影响自己和自己的团队, 并应该尽量使这些返回来的作用力产生积极正面的影响。

没有不重要的事情,作为一个领导者,你要意识到自己头脑中最细微的想法、自己采取的最细微的行动,以及你的团队中出现的最细微的想法、采取的最细微的行动,都会产生巨大影响。你要看到自己肩负的责任。一旦对此心怀侥幸,你就要承担相应的后果。

8.设置适当的目标,激发下属的内在动力

领导者给下属设置适当的目标,激发下属的内在动力,最后达到调动人的积极性的目的,称为目标激励。

这在心理学上通常称为“诱因”,比如望梅止渴中的“杨梅”就是一个

诱因,诱导士兵们充满遐想和期待。一般来讲,诱因越有吸引力,给人的激励性就越大,下属行动的干劲就越大,实现的可能性也就越大。

因此,管理者给下属设定的目标要合理、可行,要与个体的切身利益密切相关。

联想集团的目标激励在不同时期有不同的做法。这种变化尤其体现在对不同激励对象所选择的不同目标上。

第一代联想人100%是中国科学院计算所的科研人员,他们的年龄在40～50岁之间。和同龄的中国知识分子一样,他们富有学识但感觉得不到施展,一面是看着国家落后,一面是自己不能更好地为国家做一点事。所以这批人的精神要求很高,他们办公司的目的一半是忧国家之忧,另一半是为了证明自己拥有的知识能够变成财富。这种要求对于他们尤其重要,办公司是证明他们价值的最后机会。他们对物质的要求并不多,旧体制下,他们的收入不足200元,当公司每月能够提供400多元薪水的时候,他们已经很知足了。

因此,联想在这一时期的激励也体现出了事业目标激励、集体主义精神培养、物质分配的基本满足等特点。公司初创时期只有100多人,在研究所时彼此相识相知,对旧体制弊端都有共同的感受,因此很容易在未来的事业目标上达成高度一致。如今依然在联想影响很大的一些思想和价值观都是在这一时期形成的。

初期的联想给员工最多和最大的激励是他们的事业、理想和目标。

从20世纪80年代末开始,联想的情况有了一些新的变化,变化的原因来自于新员工的大量加入。

到1991年的时候,联想北京总部有600多名员工,其中50%～60%的员工加入联想以前与中国科学院没有任何关系。他们和老一代联想人在价值观方面有一定的差别。比如,新一代联想人在荣誉感方面也承认集体主义,但更多的是要突出个人的价值,而不像老一代联想人那样宁愿为了集体的荣誉牺牲自己。此外,从当时的社会特点来看,也有几个明显的变化。

一是人才流动已成为一种普遍的社会现象。人们“从一而终”的职业观念开始动摇,“人往高处走,水往低处流”,有一技之长的人大多在不断寻找适合自己的企业和岗位。二是大量流动的人才除去实现自我价值的理想以外,还有更明确的物质要求,这其中包括工资、福利和住房。

这种种变化给联想的目标激励提出了新的课题。新一代联想人承认集体的作用,但是很难做到像老一代联想人那样甘愿做一颗默默无闻的螺丝钉。他们强调自己与众不同的价值,必须要能在工作中明显表现出自己的作用,如果在这个方面不能使其满意,就可能给联想的管理带来麻烦。

联想员工薪水收入的大幅度提高是1990年以后, 这其中涉及的原因很多,一是国家物价水平上涨,二是联想自身积累的高速成长,还有一个很重要的原因,就是员工对激励要求的变化。

此外,公司在福利方面也有了突出的变化,仅商品房一项,1991年至1995年为员工解决的住房就有200多套。30岁出头的联想骨干绝大多数都能享有三室一厅的住房,这在北京已足以令人羡慕。员工每年还可以有10天的带薪休假。

当然,这些措施只是联想激励机制变化的一小部分内容,更重要的变化是它的管理体制的变化。联想集团由以往强调中央集权的“大船结构”管理模式向集权分权相结合的“舰队模式”逐步转变。

实施目标激励时应注意以下几点:

(1)应该通过企业目标来激发员工的理想和信念,并使二者融为一体。

(2)使员工具体地了解企业的事业会有多大发展，企业的效益会有多大提高，相应地，员工的工资奖金、福利待遇会有多大改善，个人活动的舞台会有多少扩展，从而激发出员工强烈的归属意识和积极的工作热情。

(3)企业应该将自己的长远目标和近期目标广泛地进行宣传，以做到家喻户晓，让全体员工看到自己工作的巨大社会意义和光明的前途，从而激发他们强烈的事业心和使命感。

(4)在进行目标激励时，要把组织目标与个人目标结合起来，宣传企业目标与个人目标的一致性。企业目标中包含着员工的个人目标，员工只有在完成企业目标的过程中才能实现其个人目标。

9.赚钱不怕晚，小钱不嫌少

“从小钱开始”是成大事者用的手段，而有些人一心想发大财，而不屑于赚小钱，结果大钱小钱都没有赚到。

世界上许多富翁都是从小商小贩做起的。只有扎扎实实地从小事情做起，事业才会有坚实的基础。凭投机而暴富，这种财富来得快，去得也快。

陈光甫(1881—1979年)，江苏镇江人，8岁开始进家乡私塾读书，12岁被父亲带到汉口报关行做学徒。其间，陈光甫勤苦敬业，业余自学英语，后考取海关职员，调入双关税司。1904年作为国际博览会中方办事员进入美国，并求得公费留学，在宾夕法尼亚大学商学院攻读财政金融专业。1909年归国后正逢辛亥革命时期，政局不稳，工作屡次变动。

1915年陈光浦与友人集资10万元，创办民营“上海商业储蓄银行”，任总经理。

当时，上海最小的私人银行“浙江绍兴银行”尚有资本70万元，而陈光甫仅以10万元开业，被银行界讥讽为不起眼的“小不点”。由于规模小、资金少，“大户人家”根本看不起，当然不会光顾。陈光甫决意以优良服务之长，补“小家当”之短，向社会中下阶层的中小商户和平民百姓吸收零星存款，赚取蝇头小利以维持生存。

他采用了“一元储蓄”，即以一元钱开户头。开办之初曾被传为笑柄，更有客户故意刁难，用100元要求开100个户头，但陈光甫照办不误。其热情服务之美誉，从此广为流传。此外，陈光甫为扩大小额储蓄吸收游资，派出得力职员，走进工厂、学校等公众场合，大力宣传储蓄的好处，并就地办理存储手续，不但方便了客户，而且吸收了不少存款。此举等于是在帮助工薪人员理财安家，渡过生活难关，所以很受欢迎。

从1915年至1922年的短短7年中，统计材料表明，陈光甫经营的“上海商业储蓄银行”的存款额高达1345万余元，在当时全国45家商业银行中排在第五位。大银行不屑一顾的蝇头小利，终于成就了“不以利小而不为”的银行家的事业。

旧时商人的不舍微利，既表现其“大鱼”“小鱼”兼得的盈利思想，又表现其经营技巧的高明。微不足道的小商品，往往是生活中不可缺少的东西。由小主顾引来大主顾，由薄利的小生意做成厚利的大买卖，如此一来，蝇头小利岂不就变成“牛头大利”了吗？

同样，生活当中，也有很多人看不透这个道理，只想着怎么样才能够干一番轰轰烈烈的大事业出来，结果往往是一事无成。殊不知，那一点一滴的小事情才是构成成功的主要因素。

哪个人的成功不是从微小的事情做起，从而积少成多的呢？

在市场经济的环境下,金钱成为人们生存的物质条件之一。赚到钱,赚到更多的钱,会使人们的生活水平大大提高,让生活质量大大改善,这当然是大多数人所期望的事。但怎样赚钱,特别是在资本不多的情况下用小钱赚到大钱呢?有很多人觉得这实在太难。其实,这只是因为人们的习惯性思维束缚了他们的智慧。今天,在千变万化的市场中,那种只有下大本钱才能赚大钱的思维早已过时。可以说,如果不能充分地了解和把握市场的风云变幻,即使下了大本钱也不一定能赚钱,弄不好还会血本无归。所以,对于微不足道的细枝末节,绝不可以草草带过,不能因利小而不为!

10.良好的经营心态,是企业家必备的素质

在我们的身边,常常会看到这样的情况:经营相同业务的企业,有的能够赚很多钱,拥有很多客户,打出自己的品牌,甚至能成功上市;有的则生意惨淡,日渐萧条,濒临倒闭。如果细心一点,你还会发现,面对同样的困难,有的企业能够沉着应对,有的企业则知难而退,或者被困难击败而一蹶不振。

这就是经营者的经营心态问题。决定一个企业成功与否的因素有很多,经营者的经营心态便是其中之一。

目前在中国本土的企业中,凡是业绩卓越的企业,都无一例外地表现出卓越的组织执行力。组织执行力由心态、工具、角色和流程四个基本要素构成。而心态要素作为构成组织执行力的第一要素,是影响组织行为的关键,也是组织能力外化为组织实践的内在动力源。

心态通常是指一个人对待事物的看法和态度，它是我们采取一切行动的基础，也决定我们用何种方式去创造自己的生活。曾有哲人这样说：“你的心态就是你真正的主人。”

北宋有一将军名叫曹翰，在讨伐南方的贼寇之后，路经庐山圆通寺。寺僧知道曹翰的军队风纪不好，都吓得四散逃逸，只有住持缘德禅师端坐法堂不动。

曹翰来到这座寺院，叫缘德禅师出来参见，禅师却对他不理不睬，甚至连瞧他一眼都不肯。曹翰的自尊心受到了伤害，便非常生气地说：“我的军队路过此地，只想借宿贵寺，让士兵们休息一下，为什么你连一声招呼都没有？难道你不知道面前站着一个杀人不眨眼的将军吗？”

禅师听后，慢慢地睁开双眼，接口道：“一个军人站在佛前咆哮，如此无礼，难道你不怕因果报应吗？”

听了这样的话，曹翰更气急败坏，大吼道：“什么因果报应，难道你不怕死吗？”

禅师说：“难道你不知道面前坐着一个不怕死的禅僧吗？”

曹翰十分诧异于禅师的胆魄，同时也被禅师如此的定力所折服，问道：“这么大的一座寺庙怎么只有你一个人，其他人呢？”

缘德禅师说：“只要一敲鼓，他们就会闻声回来。”

于是，曹翰亲自操起鼓槌猛力敲鼓，敲了好久，却没有出现任何人。曹翰不悦地说：“已经敲鼓了，怎么还没有人回来？”

缘德禅师不慌不忙地答道：“因为你敲鼓的时候，杀气太重。”

老禅师开始念佛敲鼓，很快，寺内的众僧都跑了回来。曹翰此时非常有礼地合掌问道：“请问禅师法号？”

禅师平静地回答：“我是缘德。”

曹翰万分惊诧，他没想到眼前这个老和尚就是赫赫有名的缘德禅师，随即跪拜说："原来您就是德高望重的缘德禅师！"

缘德禅师因为拥有良好的心态，临危不惧，用禅理感化了杀人不眨眼的曹翰。作为一个企业管理者，也应拥有良好的经营心态，这样才能处变不惊、遇事不慌，保持冷静的头脑来面对一切。

在一个企业里，组织执行力就像是Windows操作系统的性能，是决定个体执行力能否淋漓尽致发挥的基础平台。而建立强有力的组织心态，则是组织执行力的动力之源，是确保企业按照正确的方向和方式运作的基础。

心态决定人生的成败，也决定一个企业的成败。作为一个企业管理者，拥有良好的心态，可以令你乐观豁达处世，助你战胜企业发展中面临的困难；拥有良好的心态，也可以令你在交际谈判中应对自如，让你的竞争对手成为朋友，使你的事业之路免去更多的人为障碍。

/第八章/

斡旋人际

——让他人主动帮你积累财富

1.若想实现大目标，不如先提小要求

如果一下子向别人提出一个较大的要求，人们一般很难接受；而若逐步提出要求，不断缩小差距，人们就比较容易接受。这就是所谓的“登门槛效应”。

一列商队在沙漠中艰难地前进，昼行夜宿，日子过得很艰苦。

一天晚上，主人搭起帐篷，在其中安静地看书。忽然，他的仆人伸进头

来,对他说:“主人啊,外面好冷啊,您能不能允许我将头伸进帐篷里暖和一下?”主人很善良,所以欣然同意了他的请求。

过了一会儿,仆人说道:“主人啊,我的头暖和了,可是脖子还冷得要命,您能不能允许我把上半身也伸进来呢?”主人又同意了。可是帐篷太小,主人只好把自己的桌子向外挪了挪。

又过了一会儿,仆人又说:“主人啊,能不能让我把脚伸进来呢?我这样一部分冷、一部分热,又倾斜着身子,实在很难受啊。”主人又同意了,可是帐篷太小,两个人实在太挤,他只好将桌子搬到了帐篷外边。

当个体先接受了一个小的要求后,为保持形象的一致,他会接着接受一项重大、更不合意的要求。这主要是由于人们在不断满足小要求的过程中已经逐渐适应, 意识不到逐渐提高的要求已经大大偏离了自己的初衷。

通俗地说,“登门槛效应”就像我们登台阶一样,只有一个台阶、一个台阶地登上去,才能更稳妥安全地到达终点。

想让别人做一件事,如果直接把全部任务都交给他,往往会让人产生畏难情绪,从而拒绝你的请求;而如果化整为零,先请他做开头的一小部分,再一点一点请他做接下来的部分,他往往会想,既然开始都做了,就善始善终吧,于是一帮到底。

有两个人做一次有趣的调查,他们访问郊区的一些家庭主妇,请求每位家庭主妇将一个关于交通安全的宣传标签贴在窗户上,然后在一份关于美化加州或安全驾驶的请愿书上签名。这都是小而无害的要求,所以很多家庭主妇都爽快地答应了。

两周后,他们再次拜访那些合作的家庭主妇,要求她们在院内竖立一个倡议安全驾驶的大招牌——该招牌并不美观——保留两个星期。结果，答应了第一项请求的人中有55%的人接受了这项要求。

接着，他们又直接拜访了一些上次没有接触过的人，这些人中只有17%的人接受了该要求。

西方二手车销售商卖车时往往会把价格标得很低，等顾客同意出价购买时，又以种种借口加价。有关研究发现，这种方法往往可以使人接受较高的价格；而如果最初就开出这种价格，则顾客会很难接受。

有一个人得了高血压，夫人遵照医嘱，做菜时不放盐，丈夫口味不适应，拒绝进食。后来，夫人将医嘱折中了一下，每次做菜少放一点盐，每次递减的程度很小，后来丈夫逐渐习惯了清淡的味道，最后，即使一点盐不放，也不觉得不好吃了。

在人际交往中，当你要求某人做某件较大的事情又担心他不愿意做时，可以先向他提出做一件类似的、较小的事情，然后一步步地提出更大一些的要求，从而达到自己的目的。

2.告诉他，他不做是因为他不敢去做

人的心理有一种特性，往往越受压迫反抗心越强。如果你要他人办一件什么事，请求没有用的情况下，你可以反向地刺激他，将对方激怒。“你不去做，是因为你不敢去做吧？”“我想你可能也没什么办法。”你这样说，

对方心里一定会想:“谁说我不敢?”“你怎么知道我没有办法?”“我偏要做给你看!”这样,你就达到了自己的目的。

在《西游记》中,孙悟空就经常对猪八戒使用激将法,让他主动去降妖。激将法往往能在争强好胜、虚荣心强的人身上起到比较明显的作用。比如,你去逛商店,售货员看你穿戴不怎么样,就蔑视地对你说:“这件衣服太贵,您恐怕买不起。”你可能会勃然大怒,人活着就为了一口气,一定不能让对方看扁了,“有什么了不起的,我今天还真买了”。于是,不管自己是否喜欢或是否需要,一怒之下就将它买了下来。

在《红楼梦》中,王熙凤是个很厉害的人物,别人不受到她的算计就不错了,怎么可能求她办事呢?但只要懂得了她争强好胜的心理,便可略施小计,控制她的行为。

老尼净虚在长安县善才庵出家的时候,认识了一个张大财主的女儿——金哥。金哥到庙里进香的时候,被长安府府太爷的小舅子李衙内看中,要娶她,可是她已经被许给了原任长安守备的公子。两家都要娶,金哥家左右为难。守备家不管青红皂白,上门来辱骂,张家被惹急了,想退还聘礼,所以派人上京城寻找门路,希望能找个中间人写一封信,解决这件事。只要能顺利退了聘礼,张家愿意倾家答谢。

凤姐漫不经心地听净虚说这事,然后表明了自己的态度:自己又不等银子使,所以也用不着去帮这个忙。

见凤姐不想搭理的样子,净虚使出了激将法。她说:“虽如此说,张家已知我来求府里,如今不管这事,张家不知道没工夫管这事,不稀罕他的谢礼,倒像府里连这点子手段也没有一般!”

这句话让凤姐立即改变了态度,大声说:“你是素日知道我的,从来不信什么是阴司地狱报应的,凭是什么事,我要说行就行!……你叫他拿三千两银子来,我就替他出这口气!”

这句话正中净虚下怀，她马上赔笑说："是的。既然你已经答应了，那明天就'开恩'办吧？"

凤姐自我膨胀，马上说："你瞧瞧我忙的，哪一处少得了我？既应了你，自然快快地了结。"

净虚又乘机奉承她："这点子事，在别人的跟前就忙得不知怎么样，若是奶奶的跟前，再添上些也不够奶奶一发挥的。只是俗语说的，'能者多劳'，太太因大小事见奶奶妥帖，越发都推给奶奶了，奶奶也要保重金体才是。"

一番话让凤姐听得十分受用，净虚求凤姐办的事自然也不在话下。

当净虚"恳求"凤姐的时候，凤姐表现得十分漫不经心，"这点事我才懒得帮呢"是她当时的心理；而当净虚激将她"倒像府里连这点子手段也没有一般"，则激发出了王熙凤好强的心理。

所以，当"恳请"无用时，不妨利用对方想表现自己的心理，以及逆反心，若无其事地用一用激将法，也许更容易达到预期的目标。

3.找到一个人就行了，避免"责任分散"

虽然说，"助人为快乐之本"，但并不是每个人在每种情况下都愿意帮助别人，特别是当人们觉得自己"没有责任和义务"去帮助他人的时候，就很难主动去帮助他人。那么，什么情况会导致人们认为自己"没有责任和义务"呢？那就是人多的情况下。

“一个和尚有水吃，两个和尚抬水吃，三个和尚没水吃”就是这种情况的典型反映。你以为人多力量大，其实，有时候人多力量反而小，“1+1<2”的情况经常发生，这是因为人们身上普遍都存在着惰性和依赖性，在大家一起工作的时候，这种现象更为突出。比如，在找他人办事的时候，经常会遭遇被多个人“踢皮球”的情况。对方你推我、我推他，结果没有一个人愿意为你解决问题。

售前部的小罗接到B地区客户打来的电话，客户下了最后通牒，项目建议书如周五前还不能提交则后果自负。于是，小罗开始走售前支持流程，请相关部门协助。

首先，小罗按售前支持照流程找到方案准备部，请他们写。但该部张经理马上抱怨说：“另一个大项目下周就要投标了，老总还亲自过问了这件事，这几天全部门的人还搭上技术部加班加点地干，哪有空写。”

小罗只好直接找技术部，毕竟项目的最终实施由技术部负责，而且现在技术部正做着同类项目在A地区的开发。但技术部经理说B地区客户合同还没签，应该是方案准备部的事，况且技术部现在也没空写。

见小罗一脸无奈的样子，经理指给他一条路，原先在项目组的小林现在有空，看看他是否愿意帮忙。

小罗心里一喜，赶紧去找。听明来意后，小林说，虽然自己现在有空，但也帮不上忙，因为写这份建议书涉及B地的许多资料，他一直没接触过，等看过资料后再写，又至少要花一周时间。

可怜的小罗就在单位中被人踢来踢去，问题最终还是没解决，结果被老总骂了一顿。

如果要求一个群体共同完成任务，群体中的每个个体的责任感就会较弱，面对困难、担当责任时往往会退缩。因为当一件事情可以做的人多了,人们就会觉得并非一定要自己做。他们会想:“既然大家都可以做,凭什么要我做?”“他能帮你,你去找他吧!”“我还是少管闲事吧!”这种现象在心理学上叫作“责任分散效应”。

当一个人遇到紧急情况时,如果只有他一个人能提供帮助,他会清醒地意识到自己的责任;而如果有许多人在场,帮助求助者的责任就由大家来分担,造成责任分散,每个人分担的责任很少,这会产生一种“我还是少管闲事”“会有人救他的”的心理。

所以,在请求别人帮忙的时候,一定要考虑到他人是否有责任分散的心理。而要打破这种心理,就要让对方感到帮助你是他一个人的责任。

小李在下班回家的路上正好遇到一个小孩落水,很多人在围观,却没有一个人跳下水去施救。小李非常着急,他想救人,却无奈是个旱鸭子,怎么办呢?

这个时候,他看到围观的人中有一个他认识的人——小区外面报刊亭的杨老板。他曾听说杨老板经常游泳。于是,他大声朝杨老板喊道:“杨老板,还不赶快救人啊!”随着小李的喊声,大家的目光都投向了杨老板。

杨老板感觉很不好意思,觉得自己再不救人,就会受到众人的唾骂,于是赶紧跳下水去。

有时候,向很多人求助不如向某一个人求助,并强化他的责任。也就是说,认定某一个人能帮助你,而不要给太多人踢皮球的机会。

4.你锦上添花，我雪中送炭

胡雪岩出身贫寒，出道伊始，他只是信和钱庄的一名学徒。一年中秋，他奉老板之命去讨要欠款，结果拿到了500两原以为是死账的银子。就在胡雪岩在茶楼里休息片刻的时候，他结交了文人王有龄。王有龄是一位有才干、有志向的人，他想出人头地，但苦于没有银子做“敲门砖”。尽管他们相识时间不长，彼此还没有深交，但是当胡雪岩了解到王有龄并非没有门路，而是没有钱时，便主动将收到的500两债银送给了王有龄。胡雪岩说：“我愿倾家荡产，助你一臂之力。”他的义举让王有龄感激涕零，他信誓旦旦地说：“我若是富贵了，绝不会忘记胡兄！”

其实，那500两银子是属于信和钱庄的，只不过暂时在胡雪岩这里保管而已。但是无论如何，雪中送炭的“义举”让他们二人的后半生都受益无穷。

危难之中见真情，困难之时显品德。如果你想助人，也有助人的能力，那么你首先应为正在挨冻的人们送些炭去，因为那正是迫切需要温暖的人们所渴盼的。无论是从心理学的角度，还是从排序的先后，无疑都应当把“雪中送炭”放在首位。在一个人挨饿的时候送他一块红薯，和在一个人富贵的时候送他一座金山，哪个人会更念你的好？答案很明显，当然是前者。人生最大的安慰莫过于雪中送炭，那是人生最真挚的情感体现，而锦上添花只会带给人一时的喜悦。

每个人活在这个世上，都不可能永远不求于人，也不可能没有助人之时。当你打算帮助别人的时候，请记住一条规则：救人一定要救急。在生活中,很多人总是在别人不是很需要的时候拉上一把,锦上添花,却没想到,锦上添花远不如雪中送炭。其中的道理很简单:当他人口干舌燥之时,你奉上一杯清水,那便胜过九天甘露;如果大雨过后,天气放晴,再送他人雨伞,则没有丝毫意义。

所以,锦上添花的事情让别人去做,我们只做雪中送炭的事情便够了。

5.学会润滑人际关系的“说话术”

也许你一时之间还无法像专家般掌握全部的说话术，但至少可以先控制好自己的语言。

下面几条计策,简单易行,至少可以帮助你在人际关系中起到一定程度的润滑作用。

(1)做一个真诚的倾听者

认真倾听对方的谈话,是对他人最高的恭维。很少有人能拒绝他人的认真倾听。

成功的商业会谈的秘诀是什么?就是专心致志地倾听对方的话,这是最为重要的。

如果你希望自己成为一个善于谈话的人，首先就要做一个善于倾听别人的人。要做到这一点其实并不难,不妨问别人一些他们喜欢回答的问题,鼓励他们开口说话,说说他们自己以及他们所取得的成就。

(2)谈论对方最感兴趣的话题

想要成为受人欢迎的说话高手,就要用热情和生机去感化别人。接触对方内心思想的妙方,就是和对方谈论他最感兴趣的事情。但如果你只想让别人注意自己,让别人对你感兴趣,你就永远也不会有真挚而诚恳的朋友。真正的朋友,不是用那种方法交来的。对别人漠不关心的人,他的人生会遭遇很多困难,对别人的损害也会很大。所有人类的失败,都是由这些人造成的。

(3)让对方感到自己很重要

假如你很自私,一心只想得到回报,你就不会给人带来任何快乐,不会给人任何真诚的赞美。气度如此狭隘的人,只会遭到应有的失败,而不会取得任何成功和幸福。想要避免这种情况发生,你就要遵守一条原则:"永远尊重别人,使对方获得自重感。"每个人都有其优点,都有值得别人学习的地方。承认对方的重要性,并由衷地表达出来,可以帮助你得到对方的友谊。

(4)说话时面带微笑

做一个会真诚微笑的人,微笑会让人感觉到你的友善,在管理、教育和推销当中,会更容易获得成功,更容易培养快乐的下一代。如果你希望自己成为一位受人欢迎的说话高手,请一定要记住:面对别人时,你一定要心情愉悦——至少看起来要这样。

(5)学会用友善的方式说话

如果一个人因为与你不和,并对你心怀不满,那么你用任何办法都不能使他信服于你。人们不愿改变他们的想法,不能勉强或迫使他们与你意见一致。但如果你温柔友善——非常温柔,非常友善,你就能引导他们和自己走向一致。温柔、友善,永远比愤怒、暴力更强有力。一个人如果能认识到"一滴蜂蜜比一加仑胆汁能捕到更多的苍蝇"这个道理,那么,他在日常言行中也会表现出温和友善的态度。

(6)赞美和欣赏他人

天底下只有一个方法能够说服任何人去做任何事, 那就是激发对方的热情,让对方乐意去做那件事。请记住,除此之外没有别的方法。先别忙着表述自己的功绩和需要,而是先看看别人的优点,然后抛弃奉承,给人以真挚诚恳的赞美。如果你是发自内心的赞美,那么对方将把你的每一句话视为珍宝,终身不忘;即使你自己早已忘到九霄云外,别人也仍然会铭记在心。

(7)站在对方的立场说话

为人处世成功与否,全在于你能否以同情之心接受别人的观点。只有当你认为别人的观念、感觉与你自己的观念和感觉同等重要,并向对方表示这一点时,你和对方的交谈才会轻松愉快。你接受他的观点将会使他大受鼓舞,使他能够与你开怀畅谈,并接受你的观点。

(8)让对方多说话

尽量让对方畅所欲言吧!对于他自己的事及他自己的问题,他一定知道得比你多,所以你应向他提些问题,让他告诉你几件事。要有耐心,并以宽广的胸襟去倾听,要诚恳地鼓励对方充分地发表自己的意见。让对方自己说话,这不仅有利于在商业方面赢得订单,也有助于处理家庭当中的一些纠纷。事情就是这样——即使你们是朋友,对方也宁愿你只谈论他的成就,而不愿意听你夸显自己的过去。

(9)不要和别人争论

为什么非要证明一个人是错的呢?那样做难道就能使他喜欢你吗?为什么不给他留点面子呢?他并没有征求你的意见,而且也不需要你的意见。你为什么要和他争辩呢?天底下只有一种能赢得争论的方法——那就是像避免毒蛇和地震一样避免争论。真正的推销术不是争论,哪怕是不露声色的争论,因为人们的看法并不会因为争辩而有所改变。如果你争强好胜,喜欢与别人争执,以反驳他人为乐趣,或许能赢得一时的胜利,但这种胜利毫无意义和价值,因为你永远得不到对方的好感。

(10)勇敢地承认自己的错误

假如你知道自己免不了要受责备,为什么不抢先一步,积极主动地认错呢?难道自己责备自己,不比别人的斥责要好受得多?要是你知道别人正想指责你的错误,你就应该在他有机会说出来之前,以攻为守,自己把他要说的话说出来。如此,他可能就会采取宽厚谅解的态度,宽恕你的错误。一个有勇气承认自己错误的人,也可以得到某种满足感。这不仅能消除罪恶感和自我辩护的气氛,也有利于解决实质性问题。用争斗的方法,你永远不会得到满足;但用让步的方法,你的收获或许会比你所期望的更多。

(11)委婉地提醒对方的错误

若想不惹人生气并改变他,只要换两个字,就会产生不同的效果。只要将"但是"改为"而且",就可以轻易解决这个问题。对那些不愿接受直接批评的人,如果能间接让他们面对自己的错误,则会收到非常神奇的效果。批评解决不了任何问题,只会引起被批评者的反抗;而若你能委婉地提醒对方的错误,对方将会感激在心,并乐意按你的建议去做。

(12)激发对方高尚的动机

一个人做任何事,通常有两种理由:一种是动听的,另一种是真实的。人们大都是理想主义者,总喜欢听到那个说来动听的动机。所以,要改变人们,就需要激起他们"高尚的动机"。超越对手的欲望!挑战!这才是激励人的精神的绝对可靠的方法。每个人都有害怕的时候,但是勇敢者会将畏惧放置一边,继续勇往直前,结果或许会走向死亡,但更多的则是通向胜利。你认为激励工作的最强有力的因素是什么?是工作具有刺激性?是钞票?是良好的工作条件?都不是,完全不是。激励人们工作的主要因素之一,正是工作本身。

(13)批评对方前先谈你自己的错误

如果批评者在谈话刚开始时就先谦逊地承认自己也不是无可指责

的,然后再指出别人的错误,情形就会好得多。如果仅仅说几句自我谦恭、称赞对方的话,会有多大的作用呢?一个人即使还没有改正他的错误,但只要在谈话开始时就承认了自己的错误,就有助于帮助另一个人改变其行为。

(14)建议而不是命令对方

建议别人,而不是强硬地命令对方,不仅能维持一个人的自尊,给他一种自重感,而且能使他更乐于合作,而不是对立。向对方问一些问题,不仅能接到一张订单,更能激发对方的创造力。即使身为长者或上司,你也不能用粗暴的态度对你的晚辈或下属说话;否则你所得到的就不是合作,而是激烈的对抗。

(15)给对方留"面子"

几分钟的思考、一两句体贴的话、对对方态度的宽容,对于减少对别人的伤害都大有帮助。即便对方是错的,你也不能尖锐地批评他,因为这样会伤害他的自尊。世界上真正伟大的人,其伟大之处正在于不将时光浪费在个人成就的自我欣赏中。

(16)送给对方一个好名声

如果你要在某方面改变一个人,就必须把他看成早就具备这一方面的杰出特质。莎士比亚说:"假定一种美德,如果你没有,你就必须认为你已经有了。""人要是背了恶名,不如一死了之。"但给他一个好名声——看看会有什么结果!如果你想成为一位受人欢迎的说话高手,就请送给对方一个好名声,让他为此而努力奋斗。

6.施恩是回报率最高的长线投资

心理学认为，当人们给予别人好处后，别人心中会有负债感，并且希望能够通过同一方式或者其他方式偿还这份人情，这就是互惠原则的特点。

俗话说“鸦有反哺之义，羊知跪乳之恩”，动物尚且如此，更何况人呢？所以，如果你想获得别人的支持，就要先给他好处，让他对你有负债感，这样对方才会心服口服地跟着你走。

张凯是一家外企的白领，有着稳定的工作和不错的收入。他爱上了和他同一个学校毕业的李微，为了追求李微，送花、请吃饭、出去游玩……几乎一切追女孩子的手段都用上了，但仍然没有打动李微的芳心。后来，张凯了解到李微是一个孝顺的女孩，生活中很多事情都会征求妈妈的建议。于是，张凯借着坐车让座的机会，认识了李微的妈妈。经过一段时间熟悉后，张凯经常替李微妈妈做力所能及的事情，有时还会买些好吃的东西送给老人家，所以李妈妈十分喜欢张凯。当老人得知他没有女朋友后，有意地提到了自己的女儿，还说要介绍他们认识。最终，张凯成功地追求到了李微。

也许有人会认为张凯的做法是别有用心，但是我们无法否认张凯的方法很有效果。他巧妙而灵活地借助心理学中的互惠原则，为自己赢得了爱情。从这一点来说，他是一个成功者。

拿破仑在欧洲大陆上获得了无数场胜利。对于他的胜利，著名的心理导师戴尔·卡耐基认为,拿破仑懂得给将士以名誉与头衔,通过这样的方法激发将士内心的负债感,从而忠诚地为他效命,帮助他完成称霸世界的野心。拿破仑的这种方法看似简单,却非常有效。

“知恩图报”“感恩戴德”“结草衔环”……这些传统词汇及道德心理,无不规劝着我们要学会“给人好处”的做人做事方法。只有成功地掌握了这种方法,才能成为把握事情进退的掌控者。

当然,“给人好处”不可一次给尽,“慢慢来”才能更长时间地维持他人对你的感恩之情。《菜根谭》中有言:“待人而留有余地,不尽之恩礼,则可以维系无厌之人心。”这是说,与人恩惠,应渐渐施出,要留有余地,人心贪婪,最不知足,余下的恩礼可以维系和保持与这些人的关系。所以,给他人好处时,要做得自然,不要太过直露,更不能表现得太过功利,要掌握好分寸,在不知不觉中让对方感觉到你的好,进而成为你的知己,愿意为你做你所想的一切事情。

7.亏欠也可储藏,且利息很高

中国有句古语:“滴水之恩,当涌泉相报。”在这种文化的熏陶下,人们习惯于为对自己有恩或对自己好的人做事。根据这种心理,在生活当中,如果你想有效地影响他人,让他人心甘情愿地维护你、帮助你,就要学会适当地在他人心里储藏亏欠,让别人时刻感到有亏于你。久而久之,这种亏欠会像银行里面的存款一样不断升值,有时甚至利息高涨,让你受益匪浅。

让他人产生亏欠心理的互惠原则具有强大的影响力,正如美国推销大王乔·坎多尔福所说的那样："推销工作98%是感情工作，2%是对产品的了解。"不仅仅在商业领域，在其他领域同样如此。尤其当对方是一个能为他人考虑、重情义的人时，你向他提供帮助或者给予好处，绝不会像肉包子打狗一样有去无回，它往往会像弹簧中的弹力，你向其施加的力越大，向你弹回的力也会越大，有时甚至产生超乎你想象的弹力。所以，生活中，不妨多向他人施予好处，让对方产生多余的负债感，进而达到有力影响他人的目的。

歌德说过："万物相形以生，众生互惠而成。"古希腊哲学家德谟克利特也曾说："即使很小的恩惠，如果实施得及时，对受惠的人也会产生很大的价值。"德谟克利特的话让大家更深刻地明白，在向他人实施恩惠时，要选择准确的时机，这样才能更好地驾驭别人为己所用。

任何人都会在心理的负债感面前显得软弱无力，这就是互惠原则中亏欠心理所带来的威慑力。心理学上认为，亏欠所带来的互惠影响力主要在于，无论在什么样的情况下，即使是一个陌生人，或者我们不熟悉的人，如果你在请求他为你办事情前，给他点小恩小惠，对方答应或者接受你请求的可能性将会大大提高，有时甚至会给你提供进一步的方便。

8.多对他人表示感谢

维持良好的人际关系，表达心意最简洁的一句话就是"谢谢"。诚恳地说声"谢谢"会带给对方最大的满足和感动。

"谢谢"虽然只是一句简单的话语，但只要你运用得当，就会给别人留下深刻的印象。每个人为他人付出努力后,都希望获得预期的结果和反馈信息,特别是当他人为你提供了某些帮助时,尽管对方口头上说"这是应该的""这没什么大不了""不值得一提",但是,在他人的内心,是希望得到你的重视和认可的。你的一句话、一个笑脸都能让他人备受鼓舞,进而再接再厉下去。

美国的心理学家和行为科学家斯金纳认为, 人或动物为了达到某种目的,会采取一定的行为作用于环境。当这种行为的后果对他有利时,这种行为就会在以后重复出现;不利时,这种行为就减弱或消失。人们可以用这种正强化或负强化的办法来影响行为的后果, 从而修正其行为,这就是强化理论。

所谓强化,从其最基本的形式来讲,指的是对一种行为的肯定或否定的后果(报酬或惩罚),它至少在一定程度上会决定这种行为在今后是否会重复发生。根据强化的性质和目的,可把强化分为正强化和负强化。正强化就是鼓励那些自己需要的行为,从而加强这种行为;负强化就是惩罚那些与自己的预期不相容的行为,从而削弱这种行为。

在社交上,正强化的方法包括认可、表扬、给予物质反馈等;而负强化的方法包括批评、蔑视、远离他人等。

当别人给你帮忙了,你要及时地表达自己的感激之情,你的感激之情表达得越充分、越及时,他们就越会觉得自己的付出是有意义的。否则,他们会认为自己"费力不讨好""白帮忙"了,这样,下次当你有困难的时候,所有的人都可能离你远去。

每个人都希望自己的付出能得到一定的回应, 这种回应不一定要是物质上的等同回应,精神上的鼓励同样会让他们有一种满足感,让他们觉得他们给你提供的这个方便是值得的、有价值的。

我们平时说谢谢时,通常是基于礼貌,但若你想要表达一种内心的感激,只说谢谢是远远不够的,必须配合相应的表情和声调,让对方感觉到"他在跟我道谢呢"。所以,在道谢的时候,最好加上对方的名字,如"谢谢你呀,小张”“李经理,非常感谢你”。当你加入了对方的名字,就等于把对方拉进了被感谢的角色。

另外,在表示感谢的时候,如果你能把感谢事由加入感谢的话中,对方的感觉会更胜一筹,你也会显得更加诚恳。比如,“真谢谢你呀,小张,要不是你,我找不到这么好的工作”“谢谢你帮我改了论文,让我的论文获得了第一”“要不是你帮我渡过难关, 我还不知道怎么应付这次失业呢”,诸如此类的话,会更加地强化对方的重要性。他会感到,你是真的记得他的好。

别人帮了你的忙, 你表示感谢是理所当然的; 但是如果别人答应帮你,尽力了却没有帮上忙,你该如何呢? 抱怨别人不该答应你? 指责别人没有为你多尽力? 或者是什么也不说,就当没发生过?

不管怎么样,只要对方付出了努力,无论结果如何,你都要表示感谢,否则就会让人认为你是个势利的人。在这种情况下,你可以说:“我知道你已经尽力了,谢谢你!”“真不好意思,让你为难了!”“这件事的难度确实太大,我自己再想其他办法,但还是非常感谢你的帮忙!”

对方听到这样的话,心里肯定会感到很舒服,甚至为没有帮上你而感到愧疚,下次你遇到困难时,他们一定会尽最大的努力来帮你,以“弥补”这次对你的“亏欠”。

记住,对帮助过你的人要记得说声“谢谢”,对别人对你的启发教诲要说“谢谢”,即使只是一些微不足道的小事,也要表达你的感激之情。

/第九章/

理财有道

——永远不面临匮乏的窘境

1.理财中的固执、马虎和懒惰只能使你越来越穷

小林在朋友的建议下，买了一只基金。在他看来，基金的低风险与平稳收益对他这种谨慎胆小还想发财的投资者而言，是一个不错的选择。

前几个月，他的基金表现优异，小林每次上网站看他的基金时，都能由衷地感受到财富增长带给他的惊喜。然而，在接下来的3个月里，这只基金开始不断地“跳空”，反复考验着他的心理承受能力，耐住性子的小林坚持认为它是在积蓄力量，酝酿反弹，所以暂时没有采取什么措施。然

而,在接下来的好几个月里,小林发现他的这只“鸡”变成了“瘟鸡”,长跌不起,到最后几乎是“破罐子破摔”,再也不理会小林焦灼的目光。结果,小林刚刚尝到了一点增值的喜悦,就眼看着这只他寄予了厚望的基金一落千丈。愤怒的小林一气之下,不顾朋友的劝告,立马“杀鸡”——将这只基金低价处理了,并打算从此以后再也不涉足投资理财。

然而,过了不久,他就尝到了冲动的后果。小林当初买下又抛弃的那只基金奇迹般地咸鱼翻身,一举创下了佳绩,而小林的一时冲动,让他损失的不仅仅是金钱,还有第一次投资失利的账单。

有个寓言故事说的是,一天动物园管理员们发现袋鼠从笼子里跑了出来,于是开会讨论,一致认为是笼子的高度过低,所以它们决定将笼子的高度由原来的10米加高到20米。结果,第二天他们发现袋鼠还是跑到了外面,所以他们又决定再将高度加高到30米。

没想到隔天居然又看到袋鼠全跑到外面,于是管理员们大为紧张,决定一不做二不休,将笼子的高度加高到100米。

一天,长颈鹿和几只袋鼠在闲聊:“你们看,这些人会不会再继续加高你们的笼子?”“很难说。”袋鼠说,“如果他们再继续忘记关门的话。”

案例中小林就是这样一个投资者,只知道有问题,却不能抓住问题的核心和根基。一方面,他不想让自己辛辛苦苦赚来的钱放在股市里冒风险;另一方面,又想很快地让自己的收入见到很好的回报。

风险其实包含危险和机会两重含义。危险降低收益,而机会增加收益,而且往往高风险与高收益并存,低风险与低收益相依,这是投资的“铁律”,也就是“小舍小得,大舍大得”。想要低风险高收益,是不可能的。

所以,当我们进行投资时,必须考虑自己能够或愿意承担多少风险,这涉及个人的条件和个性。

固执人、马大哈、懒惰者和机灵鬼四个人结伴出游，结果在沙漠中迷了路，这时，他们身上带的水已经喝光。正当四人面临死亡威胁的时候，上帝给了他们四个杯子，并为他们祈来了一场雨。但这四个杯子中有一个是没有底儿的，有两个盛了半杯脏水，只有一个杯子是拿来就能用的。

固执人得到的是那个拿来就能用的好杯子，但他当时已经绝望之极，固执地认为即使喝了水，他们也走不出沙漠，所以下雨的时候，他干脆把杯子口朝下，拒绝接水；马大哈得到的是没有底儿的坏杯子，由于他做事太马虎，根本就没有发现自己杯子的缺陷，结果，下雨的时候杯子成了漏斗，最终一滴水也没有接到；懒惰者拿到的是一个盛有脏水的杯子，但他懒得将脏水倒掉，下雨时继续用它接水，虽然很快接满了，可他把这杯被污染的水喝下后却得了急症，不久便不治而亡；机灵鬼得到的也是一个盛有脏水的杯子，他首先将脏水倒掉，重新接了一杯干净的雨水，最后，只有他平安地走出了沙漠。

这个故事不但蕴含着“性格和智慧决定生存”的哲理，同时也与当前人们的投资理财观念和方式有着惊人的相似之处。

受传统观念的影响，许多人就和故事中的“固执人”一样，认准了银行储蓄一条路，拒绝接受各种新的理财方式，致使自己的理财收益难以抵御物价上涨，造成了家财的贬值。

有的人和故事中的“马大哈”一样，只知道不停地赚钱，却忽视了对财富的科学打理，最终因不当炒股、民间借贷等投资失误导致家财缩水甚至血本无归，成了前面挣后面跑的“漏斗式”理财。

有的人则和故事中的“懒惰者”一样，虽然注重新收入的打理，但对原有的不良理财方式却懒得重新调整，或者存有侥幸心理，潜在风险没有得到排除，结果因原有不当理财影响了整体的理财收益。

但是,也有许多投资者和故事中的“机灵鬼”一样,他们注重把家庭中有风险、收益低的投资项目进行整理,也就是先把脏水倒掉,然后把杯子口朝上,积极接受新的理财方式,从而取得了较好的理财效果。

“杯子哲理”告诉我们,理财中的固执、马虎和懒惰行为只能使你越来越贫穷。积极借鉴“机灵鬼”式的理财方式,转变理财观念,调整和优化家庭的投资结构,让新鲜雨水不断注入你的杯子,这样,你才能离有钱人越来越近。

2.正确认识金融商品

或许你认为自己已经学到了教训——投资股票有风险, 所以以后不要再投资股票,而是把钱放在定存,这样就不会再次受伤了。这并不是一个正确的态度,就如同曾经发生了车祸,从此就不愿意再开车或坐车一样。不再开车,固然发生车祸的概率会降低,但也丧失了开车的便利性。其实,问题不在汽车,而在于你是否吸取了车祸的教训,学会了正确的开车方式。同样的道理,股票本身并没有害处,任何投资工具都是有风险的(包括定存)。投资股票造成了亏损,主要是因为人们对于股票的认知有错误;更准确地说,就是对于金融工具的认识不清。“水可载舟,亦可覆舟”,要看人们以何种方式、何种心态在使用。因此,我们的第一步,就是正确认识金融商品。

经济学埋论告诉我们,当我们看到喜欢且有需要的东西时,就要面临选择,是今天买,还是将来再买？是买衣服,还是买鞋子？通常,立即购买的满足感是最高的;如果愿意将钱省下来,等到未来再购买,我们就会期望在未来能够有更高的回报,以此来抵消目前无法立即消费的遗憾。

比如,等两个月后再买就可以打折。否则,如果今天买与下个月买的价格都一样,绝大多数人都会今天就买,因为多了两个月时间可以享受。

投资时,人们也会面临类似的选择。首先要决定的就是在众多的金融工具当中,应该将钱放在哪些金融产品上。最常见的选择有存款、债券与股票,这三种金融工具的特性与未来可能的回报都不相同。当然,也有其他的投资工具可能被考虑,例如房地产、古董、黄金、期货、外汇等。

在这里,我们先针对三种最普遍的金融商品进行探讨。想要做出正确的选择,就必须先对这三种产品有充分的了解。

(1)存款

存款是变现能力最强、价值最稳定的金融商品,这也是将钱存起来最大的好处。几乎你想用钱的时候,就可以随时将钱取出来,这是其他金融工具所无法做到的。变现能力是很重要的,许多家庭财务出问题,并不是因为资金不够,而是将太多的资金放在变现性不佳的工具上,在急需用钱时就可能产生问题。存款人将钱存入银行,主要获得的报酬是利息收入,而利息的高低与市场的繁荣与否有很大的关联。通常市场好的时候,利息就会比较高;反之,利息就会比较低。

(2)债券

简单来说,债券就是发行债券的人向购买债券的人借钱,并承诺定期支付借款利息与到期支付本金。债券依据发行的机构,又可分为政府公债与公司债券两种类型。

政府公债是以政府的信誉作为担保,向购买债券的个人或机构借钱。因为是由政府做担保,所以理论上没有违约风险。但每个国家的情况不同,有的国家财政不好,有的政府政权不是很稳定,例如非洲或拉丁美洲的某些国家,其政府债券仍有违约的风险。国际上,以美国政府的公债作为风险最低的公债,而其他国家所发行的公债则依据该国的财力与政局稳定度,被认为多少都会有违约的风险,差别只在于高低不同而已。政府发行公债向投资人借钱，之后每年或半年会支付给公债持有人一笔利息,并约定数年或数十年后,由政府偿还投资人本金。

一般来说,政府公债没有太大的违约风险,但是在公债到期之前,仍然会因为市场的利率变化而面临利率上的风险。因为一旦投资了债券,每年所能收到的利息是固定的,未来如果市场利率上升,则债券的投资人就会丧失利息同步上升的好处。

公司债券是发行公司以公司的信誉做担保,发行债券向投资人借钱。但是,再大的公司都有可能会倒闭,如震惊全球的雷曼兄弟。因此,投资公司债券,必须考虑发行公司是否有违约的风险。理论上,规模越大、财务越健全的公司,其倒闭的概率较规模小的公司越低,因此违约的风险也比较低。如果想投资公司债券,可以参考债信评等公司对于发行公司所做的评等,债信评等越高的公司,其违约风险就越低。当然,就像公债一样,公司债券除了有违约风险以外,同样也会面临利率的风险。

(3)股票

相信多数人对于股票多少都有些了解。股票代表的是对于发行公司的所有权,拥有的股票数量越多,表示拥有公司的所有权也就越多。任何企业都不可能保证会永远存在,如果投资的公司倒闭了,该公司的股票也会变得一文不值。但与公司债券不一样的是,只要公司持续经营,股票就没有到期的一天。

3.有闲钱立刻投资,重点是“资产配置”

很多人手头都会有些闲钱，这些钱可能来自每个月薪水的结余或是额外的奖金等。当有了闲钱,自然就会想该如何善用这些钱。

放在银行定存吗?可是现在存款利息实在太低了。

投资在股票上吗?看到报纸上各种复杂的消息,让人实在不知道该怎么办。

相信这是许多人共同的烦恼,希望能够等到最佳的时机投资股票。

如果你对此也感到苦恼的话,看一看下面的案例分析吧。

当我们手头正好有一些闲钱想投资的时候,我们的反应不外乎:

(1)等待最低的时机进场投资

(2)不管现在行情如何,立即投资

(3)定期定额

到底哪一种方式比较好呢?

现在假设有5个投资人，每个投资人每年年底都有一笔7万元的闲钱可以投资。这5个投资人的投资行为各不相同,假设投资的标的是美国标准普尔500指数,投资期间从1979年到1998年一共20年,我们看看结果有何不同。

●投资人甲:幸运的人

之所以称他为幸运的人,是因为他展现了不可思议的技巧或运气,总是能在每年最低点的时机进场投资标准普尔500指数。而在等待期间,他将钱放在银行存款赚取一些利息。

例如1979年初，他得到了第一笔7万元，并在2月进场投资，因为当年标准普尔500指数的最低点是2月；同样的，1979年底，他又拿到第二笔7万元资金，他等到1980年3月才进场投资，因为当年的最低点是3月。就这样，他总是能够在每年最低点的月份进场投资，一直到1998年都是如此，真是令人羡慕！

●投资人乙：积极的投资人

称他为积极的投资人，是因为投资人乙没有时间做股票的研究，但是又希望能够享受长期投资股票带来的报酬，因此他采取了一个非常简单的投资方式，那就是有闲钱就立刻投资，不去猜测当时是否为低点。因此，当每年年底他有7万元资金的时候，就会立刻投资在标准普尔500指数上。

●投资人丙：倒霉的人

如同投资人甲一样，投资人丙也是花了许多时间研究股市的动向，希望能够找到股市的低点。但是与投资人甲不同的是，投资人丙的技巧和运气很差，每年都是在股市最高点时(也就是最差的时点)进场投资。例如，投资人丙在1979年初拿到了第一笔的7万元资金，结果却等到当年的12月才进场投资，而当年的最高点就是出现在12月。真是个可怜的家伙——我们自己好像也曾经做过类似的事情，不是吗？

●投资人丁：犹豫不决的人

虽然投资人丁也是每天花许多时间研究股票，甚至到处听投资专家的演讲或说明会，但是过多的资讯反而让他更加无所适从，每次想投资时都会想，一定可以等到更低的时机再进场。结果20年下来，他的资金都是放在银行里。

●投资人戊：自律严谨的人

因为投资人戊是一个生活有规律且忙碌的人，平时没有太多时间去研究投资方面的事情，因此，他采用最简单的方式，就是定期定额投资。他将7万元资金分成12等份，每个月投资一个等份的资金，还没有投资的资金就放在银行存款,一直持续20年。

以上5个投资人都有各自不同的投资风格,到底最后谁的投资报酬率比较好?谁是真正幸运的家伙呢?就是投资人甲,因为他总是能够在最佳的时机进场投资,因此,他能够累积最多的资金,近1300万元,投资绩效最好,但这样幸运的人实在是太少见了。

接下来,我们要特别注意的是投资人乙(积极的投资人)。虽然他累积的金额不如投资人甲,但他也累积到了1200多万元。而这位积极的投资人不需要特别花时间去研究股票,也不需要具有任何预测股票走势的能力,他所采用的不过是最简单的投资方式——有闲钱立即投资!

谁的投资绩效又是最差的呢?是那个倒霉的家伙吗?很多人都会抱怨说,一投资股票就亏损,我天生就没有投资的运!就和这个倒霉的家伙一样,绩效最差的应该是他了吧?

但结果很令人惊讶,就算有人真的倒霉到每年都在最高点进场投资,结果并没有想象中那么差。投资人丙(倒霉的人)一共累积了将近1100万元,与成绩最好的人不过差了200万元而已,而且他还不是绩效最差的。

绩效最差的其实是投资人丁(犹豫不决的人),而且差距之大实在夸张!犹豫不决的结果,是20年来都将资金放在存款中,得到的资金一共只有277万元,只有那个倒霉的家伙的1/4!而投资人戊(自律严谨的人)表现也很好,他的投资方式也不需要花任何时间研究股票或猜测股价的变动,唯一需要做的就是每个月自觉投资,最终的投资报酬率仅次于投资人甲与乙,而且差距很小,累积了将近1200万元。

这样的答案让你很意外吧?美国知名投资家查尔斯·埃利斯在1985年出版的《投资方针》中提到:“资产配置,是投资人所能做的最重要的投资决策。”

如果你相信,投资组合报酬率最重要的因素是资产配置,那么当你想要追求较高的投资报酬时,就应该将大部分的时间精力放在最重要的因素上——你的焦点要集中在资金的分配上，而不是研究哪家股票可以买、应该何时买等问题。

第一,你永远不会事先知道,哪个市场的表现最好。

不同的金融资产在不同时期的表现都会不一样，这主要是由市场循环造成的。有的金融资产,如债券,会在利率下跌的时候表现好,而股票通常是在市场复苏与繁荣阶段表现最好。不同的国家也会因为市场循环的不同而有不同的表现。虽然有很多专家花了很多时间,每天研究市场循环,希望能够找出未来表现最好的金融资产,但很少有人能正确预估未来的明星资产。

没有人有能力预期下一个阶段的赢家在哪里,因此,最好的方法是将资金分配到各个资产上,充分运用分散投资的好处。

第二,分散投资有很多好处。

这里可以举一个简单的例子,说明如何通过分散投资来降低风险。

美国有全球规模最大的股票市场，美国标准普尔500指数(S&P500)是由美国500家各种产业的大型上市公司所组成的指数，投资该指数就等于投资美国500家最大型的上市公司，比自己去购买个股更能达到分散风险的效果。假设1970年开始投资美国标准普尔500指数,到了2007年,平均每年可以有11.1%的投资报酬率，同时在这37年一共148个季度中,有46个季度会有负的投资报酬率。

除了投资美国的500家大型上市公司之外,我们还可以进一步分散投资。如果我们在投资组合中加入全球第二大股票市场——日本的股票,结果会如何呢?

同样从1970年到2007年,如果投资日本股市,则投资人会有平均每年10.7%的投资报酬率，同时，这段期间内会有60个季度产生负的投资报酬率。但如果我们将资金的60%投资在美国标准普尔500指数,另外40%投资在日本股市,那么,这个投资组合在这段时期内的平均年投资报酬率就会达到11.6%,高于单独投资美国或日本股市的报酬率,同时只有42个季度会产生负的投资报酬率,也低于单独投资美国或日本股市的负报酬率季度。

很神奇吧!简单的投资组合就能够创造更好的结果,在这37年中,即使全球金融市场也发生了几次重大事件,例如1987年美国的黑色10月,道·琼斯工业指数一天大跌500多点;1990年伊拉克攻打科威特,造成石油价格暴涨;2000年全球高科技市场的泡沫破灭……虽然这类重大事件层出不穷,但是这个投资组合的表现还是令人满意的。这就是分散投资的好处。

一个好的投资组合,并不只是表现在创造高的投资报酬率上,还要考虑到投资报酬率的平稳性,因为多数人投资失败的主因,就是无法承受投资报酬率的大幅变动。

看了上述的说明,相信你会很清楚地认识到资产配置的重要性。

如今,帮助人们分配资产的商品越来越多,投资资产配置型的投资组合也越来越容易了。许多基金公司都推出了各种风险组合的基金产品,如保守型、平衡型、积极型等。例如平衡型基金,就是将投资的资金分配在股票与债券的资产上,对于风险承受能力差的人来说,这是相当好的选择。

4.投资要具备自律的力量

在《富爸爸穷爸爸》一书中,罗伯特·清崎(理财大师、《富爸爸穷爸爸》作者)分析了开发个人理财天赋的十个步骤,第五个步骤即是唤醒潜藏在身体内部的自律力量。

罗伯特·清崎认为,在十个步骤里面,学会自律这个步骤是最难掌握的,而是否拥有自律是将富人、穷人和中产阶级区分开来的首要因素。缺乏自律的人,即使腰缠万贯也终会在穷奢极欲的生活中坐吃山空,因为他们无法保住已有的财富,卓越的现金流并不能成为他们财富积累与增长的有力支撑。

自律意味着自我控制、勇于承担、理性判断等良好的个人品质。缺乏自我控制和纪律性的人只能任由他人摆布,他们没有坚毅强大的内在力量,不能很好地培养各种管理技能——罗伯特·清崎特别指出现金流量管理、人事管理和个人时间管理是开创个人事业的三种必备管理技能,而自律精神能大大增强这三种技能的效力发挥。没有坚强毅力和独立意志的人易受外界环境和各种流俗的影响,只有具备自律的力量,才能扫除干扰,沿着明确的既定目标继续前行。

自律并不是一件轻松的事,它需要不断地与人性中的脆弱与缺陷做斗争:诱惑无处不在,对个人的考验也如影随形。在投资理财的过程中,高回报、短期获利等诱惑极容易勾起人们心中的欲望,然而在市场疯狂的表象下,非理性的盲目追随则极容易导致全盘崩溃。

在罗伯特·清崎看来,现代社会的诱惑比20世纪80年代更多,信用贷款和交易的普及使越来越多的人陷入了债务危机,不少人因为购房、购车、旅游、结婚等高额提前消费而债务缠身。他不提倡高额信用卡债务以及消费债务,建议不要背上数额过大的债务包袱,而应通过控制力和理性分析使自己的支出保持在低水平。然而,这一原则并不意味着财务紧缩,过一种清教徒式自我缩减的生活,而是强调严格把控投资理财中的现金流,使之保持"正现金流"的态势,以此培养自己的财商。而这种严于自我控制、承受外在压力而不为所动、积极理性应对的态度,正是自律的精神所在。

投资大师伯顿·马尔基尔(《漫步华尔街》作者)是有效市场理论的积

极拥趸者,其著作《漫步华尔街》是20世纪70年代以来世界股票投资界最为畅销的经典之作。他继续提出"吃得好还是睡得香"这个华尔街经典议题,认为这是投资者无法逃避的一个两难抉择。

在投资领域,"吃得好而睡得香"是一个长期存在的悖论式困境,吃得好(巨额收益)往往意味着高倍风险,需要极强的心理承受力,心态再稳定也难在价格快速涨跌的情势下超然平静、无动于衷,也即无法睡得香。马尔基尔所持的有效市场理论认为,市场是理性的,股票价格能反映理性人的供求平衡,是市场资源信息的关键指标,且无法准确预测。因此,"天下没有免费的午餐",投机是不可行的,决定投资报酬的唯一变量只能是投资者所付出的投资额度和比例,高投入、高风险、高回报,低投入、低风险、低收益。

历史证明, 风险和收益总是如影随形。马尔基尔通过对美国1926—2005年的常见资产类型年均收益率进行研究发现,具有高风险指数的普通股(收益率年波动率为20.2%～32.9%),以10.4%～12.6%的年均收益率击败了低风险指数(年波动率为3.1%～9.2%)的债券类产品。看来,要想吃得好,就难免承受风险所带来的波动,在摇摆不定、不可预测的市场里提心吊胆、战战兢兢。

马尔基尔经常举出J.P.摩根的例子来说明吃得好与睡得香之间的矛盾关系。曾经有朋友问J.P.摩根,现在的投资让他担惊受怕、重度失眠怎么办?摩根说:"卖掉一些,直到你可以入睡为止。"

每个投资者在投资前,都必须仔细考虑所预期的投资回报率,认清自己的风险容忍度,谨慎选择是想吃得好还是想睡得香。那些能战胜市场的投资家们并不是比其他投资者有更好的手段,而只是因为他们愿意承担更大的风险。对普通投资者来说,扩大自己资产配置中的高风险投资比例就是加大自己收益的最好办法,通过这种风险的放大应该可以战胜其他那些"平庸"的投资者,比别人更富裕。但这样一来,投资收益虽然让你吃得好,可随之而来的风险也许会让你整天心惊肉跳。

5.舍得投资，也要舍得消费

泰森是全世界最著名的拳王之一，20岁时就获得了世界重量级冠军。在他20多年的拳击生涯中，总共挣了4亿多美元。但是他生活极尽奢侈、挥金如土。

泰森有过6座豪宅，其中一座豪宅有108个房间、38个卫生间，还有一个影院和豪华的夜总会；他曾买过110辆名贵的汽车，其中的1/3都送给了朋友；他养白老虎当宠物，最多的时候养了5只老虎，其中有两只价值7万美元的孟加拉白老虎，后来因为法律不允许才作罢，付给驯兽师的钱就有12万美元；他曾经在拉斯维加斯最豪华的酒店包下了带游泳池的套房，一个晚上房租15000美金，在这样的套房里点一杯鸡尾酒要1000美元，而泰森每次放在服务生托盘中的小费都不会少于2000美元；在凯撒宫赌场饭店，泰森甚至带着一大群他叫不出名字的朋友走进商场，一小时就刷卡50万美元，自己却什么都没有买；就在他申请破产之前，他还在拉斯维加斯一家珠宝店中买走了一条镶有钻石的价值17万美元的金项链。由于挥霍无度，到了2004年12月底，泰森的资产只剩下了1740万美元，但是债务却高达2800万美元。2005年8月，他向纽约的破产法庭申请破产保护。

通过这个故事可以看出：一个人的收入并不等于财富。所谓财富应该是存储的收入，决定财富的是支出，支出才是财富的决定因素。因此，要积累财富就一定要养成量入为出的习惯，否则赚再多的钱都有可能被挥霍殆尽，最后落得两手空空，甚至成为负债一族。

有一个人非常富有,有很多人向他询问致富的方法。这位富翁就问他们:“如果你有一个篮子,每天早上向篮子里放10个鸡蛋,当天吃掉9个鸡蛋,最后会如何呢?”

有人回答说:“迟早有一天,篮子会被装得满满的,因为我们每天放在篮子里的鸡蛋比吃掉得要多一个。”

富翁笑着说道:“致富的首要原则就是在你的钱包里放进10个硬币,最多只能用掉9个。”

这个故事说明了理财中一个非常重要的法则,我们称之为“九一法则”。当你收入10元钱的时候,你最多只能花掉9元钱,让那一块钱“遗忘”在钱包里。无论何时何地,永不破例。哪怕你只收入1块钱,也要把10%存起来。这是理财的首要法则。

你千万别小看这一法则,它可以使你家的水库由没水变有水,从水少变水多。“九一法则”的意义并不在于存下几个钱,而是可以形成一个把未来和金钱统一成一个整体的观念;随着自家水库里水量不断增多,财务上的安全感不断增加,你的内心会变得更加祥和和宁静;它可以使你养成储蓄的习惯,刺激获取财富的欲望,激发你对美好未来的追求。

要养成储蓄的习惯,并不是一件难事,可是很多年轻人很难自觉做到这一点。这些人一旦向银行贷款买车、买房,或者是刷卡消费,他们就会养成被动还款的习惯。比如说发了工资,每个月第一件事就是要交还车款、房款,归还信用卡的账款。如果这种被别人强制的行为变成了一种自觉的储蓄行为,持续下去就能积累一笔非常可观的财富。这里,我们借用“按揭”这一提法,希望青年人自觉养成一种习惯,自觉地强制自己储蓄,哪怕一开始是不自觉的,时间长了就会变成一种习惯。对很多年轻人,特别是“月光族”来说,这是迈出理财的第一步。你每个月发了薪水之后,把

10%~15%的薪水强制存入银行,每个月坚持,日积月累,你会发现,自己已经积累了一笔可观的财富。

6.除了想发财,还要想办法保护已有的钱财

可能你也曾听到过这样的说法:"犹太人是吝啬鬼。"这个说法是有一定依据的,但也是一种误解。因为犹太人中有很多是经商的,而且是经商高手。作为商人,对物品斤斤两两的计较和金钱分分毫毫的核算是职业本能的反应。作为商人,如不精打细算,不爱惜钱财,怎能获得利润呢?

对金钱除了爱之外,还要节。也就是说,除了想发财外,还要想办法保护已有的钱财。用现代的流行语言说,要"开源节流"。

据说美国当今最大财团之一洛克菲勒财团的创始人,曾有过一段有趣的故事。

洛克菲勒刚步入商界之时,经营步履维艰,他朝思暮想着发财却苦无良方。

有一天晚上,他从报纸看到一则出售发财秘诀书的广告,高兴至极,第二天便急急忙忙到书店去买了一本。他迫不及待地把买来书的打开,只见书内仅仅印了"勤俭"二字,这使他大为失望和生气。

洛克菲勒回家后,思想十分混乱,几天夜不成眠。他反复考虑该"秘诀"的"秘"在哪里。起初,他认为书店和作者在欺骗,毕竟一本书只有这么简单的两个字。

后来,他越想越觉得此书言之有理。确实,要致富发财,除了勤俭以外,别无他法。这时他才恍然大悟。然后,他将每天应用的钱加以节省储蓄,同时加倍努力工作,千方百计增加一些收入。这样坚持了5年,他积存下了800美元,然后将这笔钱用于经营石油,终于成为了美国屈指可数的大富豪。

努力挣钱是开源的行动,设法省俭是节流的反映。巨大的财富需要努力才能追求得到,同时也需要杜绝漏洞才能积聚。

世界上大多数富豪都十分注重节俭。如美国连锁店大富豪克里奇,他的商店遍及美国50个州的众多城市,资产数以亿计,但他的午餐从来都是1美元左右。

美国克镕石油公司老板波尔·克德也是一位节俭出名的大富豪。有一天他去参观狗展,在购票处看到一块牌子写着:“5点以后入场半价收费。”克德一看表是4点42分,于是他在入口处等了20分钟,才购半价票入场,节省了25美分。要知道,克德每年收支超过上亿美元,他之所以节省0.25美元,完全是受他节俭的习惯和精神所支配,这也是他成为富豪的原因之一。

在日常生活中,我们经常见到这样的现象:屋外艳阳高照,办公室内却灯光明亮;人离开了办公室,空调却依旧送着凉风;员工下班走了,电脑却整夜开着;这边打着香皂洗手,那边水龙头哗哗不止;公司发的笔用到一半就当成垃圾丢弃,领用的笔记本每页只写了几个字就另翻一页……

A橡胶塑料机械公司包装组的工人们将开源节流落实到日常小事中,一年来为公司节约包装材料费用近5万元。他们对过去配套件拆箱后的包装材料未被利用感到心痛,利用工作空隙从配套件的包装箱上拆下木方、胶合板、角铁等部件归类整理,一年来共回收木方、木板近50立方,胶合板200多张，螺杆、角铁1吨多。

他们将材料重新利用，制作成新的包装箱，包装发往国内近距离用户的产品。这既杜绝了浪费，降低了生产成本，也有助于公司产品竞争力的提高。回收旧料看似小事一桩，时间长了，积累多了，也像滚雪球一样越滚越大。

著名社会学家约翰·杰西克对全美数百个亿万富翁发财致富的经历进行了调查，发现他们有着共同的特点：一是工作勤奋拼命；二是坚信任何行业都能造就百万富翁；三是具备丰富的理财知识；四是口袋里现金不多；五是智商不一定很高但雄心勃勃；六是白手起家；七是生活俭省，不乱花钱，不买奢侈品炫耀，甚至刻意隐瞒财产；八是追求财富永不停步。

其中的第七点就是节俭。而且其他几个共同点，也与我国传统的积累之德极为相似。

由此可见，世界是相通的，人类的求财之道也是大同小异的。

7.好父母要教孩子合理花钱

该不该给孩子零用钱，是许多父母很纠结的问题。

一位家长说："女儿上一年级了，小家伙开始有了金钱意识，时常嚷着'同学都有零花钱，我也要'，这让我很矛盾。让女儿自由支配零花钱，怕她会乱花，买一堆乱七八糟的东西，还吃不干净的东西，不知赚钱辛苦；不给，又担心她会有心理落差。"

的确,这位家长的担忧不无道理,使用金钱不当给孩子带来的影响是不容忽视的。不过,现代社会中,孩子们不可能生活在没有物质的真空中,孩子不会花钱是很难适应纷繁的社会生活的。孩子到了一定的年龄,零花钱就成为了一种客观的需要,需要去支付一些正当、合理的花费,所以适当地给孩子零花钱是必要的,但是家长要把握好度。

一些父母在孩子花钱的问题上控制得过于严苛, 使孩子没有一丝一毫的自由空间。这样势必会将孩子与周围正常的生活圈、交际圈隔离开来,使孩子感到孤独、压抑、苦闷。

还有些父母经济条件优越,十分溺爱孩子,孩子想买什么东西,父母一律应承,直至令孩子满意为止。这样不但会让孩子花钱大手大脚,还会让他觉得自己一直都会有花不完的钱,从而慢慢产生很多与目前家庭条件不符的奢侈念头。

过分限制或毫无节制地让孩子花钱, 往往会导致孩子对金钱产生扭曲的认识。前者因为强烈的好奇心和渴求欲,在无法得到零花钱的情况下动歪脑筋;后者生活能力差,对钱没有概念,所以不懂珍惜,随意浪费。

小小零花钱蕴含着家庭教育的大问题,给孩子零花钱要适度,既不能毫无节制,又要能满足他的基本需求。

当然, 给孩子的零花钱不得超过家庭的负担能力。假使孩子提出异议,你可以诚恳地告诉他:“我希望能给你多一些零花钱,但是我们的预算有限。”这是一种比较好的办法,要比试图去说服孩子他并不需要更多的钱要好得多。

从孩子小学一年级开始,可以固定给他们一些零用钱。最好的方法是每星期的同一天,给孩子同样数目的钱,这样可以使孩子做到心中有数。究竟该给孩子多少零用钱,家长可根据每个家庭的经济状况而定。这样,孩子就会懂得如何去规划自己的开支。

要把孩子的花费和需要放在心上,以便决定给他多少零花钱。这个问题,需要夫妻双方配合默契。一个家庭必须有一个人主管钱,孩子的零花钱也应由这位主管来支付,这是防止孩子乘机多要钱的办法之一,作为家庭主管也应按时支付孩子零花钱。

孩子最初花钱时出错,以及买东西时欠考虑都是预料中的事,应该允许他们出错。你让一个刚学会简单算术的孩子去买一斤盐,回家的时候才发现,找回的钱并不是应该有的那个数,这时,不必责怪他,只需说一句:"没关系,慢慢来。"孩子听了会觉得很内疚,在以后的买卖中,他一定更加注意。

适当的零花钱可以培养孩子正确的经济和金钱观念，从小具备理财能力,这种能力是孩子将来在生活上和事业上不可缺少的,越早培养,效果越佳。

洛克菲勒是世界上第一个拥有10亿美元的大富翁，但其子女的零用钱却少得可怜,而且要求极为严格。他家账本扉页上印着孩子零用钱的规定:7~8岁每周30美分;11~12岁每周1美元;12岁以上每周3美元。零用钱每周发放一次，要求子女们事先做出预算并记清每一笔支出的用途,待下次领钱时交父亲检查。账目清楚,用途正当,下周增发5美分,反之则减少。

洛克菲勒用这种办法,使孩子养成了不乱花钱的习惯,让他们学会了精打细算、当家理财的本领,而他们的后人成年后都成了经营的能手。这个已繁盛了6代的家族成为了"世界财富标记"。

家长可以效仿洛克菲勒,为孩于树立埋财观念,理财从管理零用钱开始。

切勿以为给零用钱只是件小事。给钱不是关键,关键是给了之后告诉孩子如何支配。父母教孩子合理地花钱，不仅仅表示简单地让孩子花钱，而是要让孩子从小懂得金钱的价值、使用技巧、正当投资、节俭等正确的积累方式及金钱与人格的关系等，树立健全的经济意识，成为有着精明的经济头脑和管理能力的人。

8.不给子女留过多财富

自古至今，绝大多数富裕的家庭一般都是把财富留给子孙。有不少家长对子女宠爱有加，为了不让他们经受自己经历过的苦难和辛酸，拼命聚集财富，为子女的未来做准备。

然而，你要知道，给他金钱让他挥霍，留下遗产让他继承，都不足以让孩子一生幸福。这样做往往是留足了物质，却贫乏了精神。图享受、摆阔气、讲名牌、贪安逸，在如今的孩子身上司空见惯，娇气、任性、挥霍和极端个人主义，这些不良品质在一些孩子身上随处可见。把财富留给孩子很容易，把孩子变成财富却没那么容易。

从前，有一个财主，家里有良田千亩，万贯家财。财主临死的时候把这些家产传给了儿子。可是这位少爷从小就好吃懒做，游手好闲，经常到处吃喝。有一次，他来到一家酒店，看到门口挂着的鸟笼里养着一只漂亮的画眉鸟，叫声悦耳动听。这位少爷指着那只画眉跟老板说："我要吃这只画眉鸟的舌头。"经过讨价还价，少爷用50亩良田换来了一碗"画眉舌头汤"。就这样，这位少爷走到哪儿吃到哪儿，什么贵就吃什么，从不吃正经粮食。日复一日，他把家里的良田吃光了，家里的粮食也糟蹋没了，最后沦落成了一个叫花子，在一个下着大雪的冬天，饥寒交加的他最后惨死在了冰天雪地里。

人世间的任何物质财富都不可能长久地承传下去，人们早有“富不过三代”的定论。如果只留下金钱，孩子们有可能肆意挥霍，甚至最后沦为乞丐；如果孩子没有经营产业的智慧，最后有可能落得倾家荡产；如果留下遗产让孩子们去分割，后人则可能为了争夺遗产而对簿公堂，甚至大打出手。所以说，留下财富不如培养孩子们经营财富的意识和可以使用一生的技能，这样才可以保证他们在自己的人生里平安富足。

古今中外有许多名家，都把不留钱财给后代当作教育子女的准则。

早在汉朝时，有识之士就已认识到：给子女留钱财，如果子女有德有能，适足损其善；要是子女无德无能，则会增其恶。总之，给子女留钱财，有弊无利。

民族英雄林则徐，不给子女留钱财，却留下了这样一副对联：“子孙若如我，留钱做什么？贤而多财，则损其志；子孙不如我，留钱做什么？愚而多财，益增其过。”

爱国华侨陈嘉庚先生把全部财产捐给了自己在国内办的集美学校，先生对子女回国安家做了如下规定：每人每月发给25元生活费。

不给子女留财富，也是当代许多西方富人奉行的原则，以防子女坐吃山空、不思进取。他们希望自己的孩子多受点磨难，尽快掌握生存能力，不过多地依赖别人，早早自立。

微软董事长比尔·盖茨选择“裸捐”的方式，把自己价值580亿美元的个人财富全部返还给了社会，而不给自己子女留下任何财产。他说，“我告诉他们不会从我这儿得到财富。早在生儿育女前，我就信奉大多数财富都应该回馈社会。”

谈及子女教育,盖茨表示,越早让子女了解世界的不平等,越早鼓励子女到贫穷国家去接触当地人,对孩子的成长越有帮助。“我女儿看过一段录像后,总想知道贫穷国家同龄人的生活是怎样的,她能为录像中的那个孤儿做点什么。”为了让我们的孩子将来能更幸福,我们必须让他们变得更聪明、更有竞争能力。我们要为孩子做的,应该是培养他独立的生活能力、独立的思考能力和不断创新、勇于接受挑战的精神。

人生于天地间,自立自强才是最重要的课题。成才的道路有多条,成才的方式也各不一样,但让孩子感受生活的酸甜苦辣,独立承担起学习、生活的责任,具有感恩的心和不屈的意志,却是成才不可或缺的历练和品质。

教育家陶行知曾说:“滴自己的血,流自己的汗,自己的事情自己干,靠天靠地靠老子,不算是好汉。”孩子的人生最可依赖的是什么?是知识,是智慧,是汗水。父母不可能让孩子依靠一生一世,因此,这个世界上最可靠的不是别人,而是自己。

人的素质是不能遗传的,是金钱买不来的。与其为子女留下财富,不如留下更多的知识,后代不一定能保留住财富,却需用知识去创造财富。由此可见,财富是宝贵的,但比财富更宝贵的是知识。不要让孩子认为父母的钱就是自己的财富!只有自立的人,才会有拯救自己的方法。

9.循序渐进,长线操作,稳中求升

理财的关键不在于你能赚多少, 而在于你能在多大程度上照看好你的钱,不让它们不知不觉地从指缝中漏出去。“不积跬步,无以至千里;不积小流,无以成江海”,永远不要认为自己无财可理,只要你有经济收入就应该尝试理财,这会让你得到丰厚的回报。

“积少成多,聚沙成塔”,如果你能够意识到理财是一个聚少成多、循序渐进的过程,那么“没有钱”或“钱太少”不但不会是你理财的障碍,反而会是你理财的一个动机,激励你向更富足、更有钱的路上迈进。

理财在很大程度上和整理房间有异曲同工之处。一间大屋子,自然需要收拾整理;而如果屋子的空间狭小,则更需要收拾整齐,才能有足够的空间容纳物件。你的人均空间越是小,房间就越需要整理和安排,否则会零乱不堪。同样,你也可以把这个观念运用到个人理财的层面。当你可支配的钱财越少时,就越需要你把有限的钱财运用好!

而要运用和打理好有限的金钱,就需要一种合理的理财方式!归根结底,你应该明白这样一个事实:不能因为有钱,甚至钱多就不用理财;而钱财有限,则更应该理财。

在年轻的朋友当中,不乏这样一群人,他们学历高,所学的又是热门专业,所以工作好、工资高,甚至每个月有上万元的收入也不是问题。所以,这其中就有一部分人觉得没必要理财,节流不如开源。当然,他们自己也会注意节约,不会每月花光,这样一样能过得很好,每年年底还能剩一点钱零花。有这种想法的大有人在。

乍一听,好像这样的生活方式也挺好,不用费心去理财,钱肯定也够花。但这种很随性地对待自己钱财的态度看似悠闲自在,实际上还是因为没有遇到不可预期的风险。一旦遇到了,你就会发现,目前的这种“自由”是有代价的,它会让你在缺乏有效防御的前提下,将自己暴露在风险之中,遭受挫折或损失。

在现实生活中,我们看到有许多白领由于工作压力较大,很少顾及理财,常常是把钱往银行一存,就以为是最安全的。而实际上,正如前文提到的那样,这种把钱放在银行里任其生灭的方式,在理财产品和理财渠道如此丰富的今天,其实是十分错误和愚蠢的选择。

今年25岁的王林在一家房地产公司担任客户经理，年薪加分红在10万元以上,这在同龄人中已经是相当不错的收入了。看着银行里的存款一个月比一个月高,王林很是得意,觉得周围的同事今天聊保险,明天又选基金,真是有点瞎折腾。自己的收入那么高,存在银行里,又安全又省心,有什么不好呢？所以,王林从来不会听公司组织的理财咨询课;同事们纷纷购买商业保险,他也从来不参与。

然而,天有不测风云,一次驾车游玩时,王林不小心伤了腿,需要手术治疗,并卧床几个月,这下子,光是手术费、住院费、生活费就要十几万。而王林的所有存款也不过七八万而已,虽然公司有医保,但是也才一万多。没有办法,王林只好去借,东拼西凑总算把救命钱给拿出来了,算是救了急。

此时的王林追悔莫及,他恨自己没有未雨绸缪,本来只花几千块钱办个保险就可以解决的问题,结果现在倒好,不但自己从前的积蓄被一笔勾销,还成了“负翁”。他从这件事上长了记性,开始学习保险及各种理财手段,为自己规划一个稳定的未来。

与王林相类似的境遇,我们也经常在报纸上见到,年收入几十万的白领因为一场重病而倾家荡产,被打入社会底层的事情屡见不鲜。也许,这样的事情不降临到自己的头上,谁也不会意识到它的存在的。

说来说去,都是在讲这样一个道理:对一些高收入的年轻朋友而言,理财同样重要。

即使在目前，你的工资已经远远高出同龄人，暂时不必担心生计问题,但是要知道,随着时间的推移,你可能会面临买房、结婚的事情,甚至以后养育子女的问题。面对这一大笔即将到来的支出,如果不及早做打算,到用钱时怎么办?和父母要?找朋友借?——要知道,手心向上(即伸手讨钱)的日子可不好过!

再比如,假如有一天,你或者你的家人像上面的王林一样,不幸得了重病或受了外伤,在现有的医疗保障体制下,大部分的医疗费用由自己承担,需要很多钱来医治时,你又该怎么办?其实,所有这一切不可预期的意外,只要你在平时有足够的风险意识,未雨绸缪,遇到问题时可能就会是另一种结果。

小李一毕业就进入了一家大型广告公司，拿着同龄人都羡慕的薪水和福利待遇,他虽然不大手大脚,但也从来没有理财的概念,所有存下来的钱一概扔在工资卡里动也不动。他觉得这样处理钱已经很安全了,至于那些股票、基金之类的东西,在他看来都是不实用的,说不定还会有什么风险把原有的积蓄给搭上去,还是老老实实放在银行最安全。

与他差不多的同事都去炒基金、买保险,投资各类理财产品,并劝小李也参与进来,小李却依旧纹丝不动,他心想:这种理财方式太有风险,万一赔了怎么办?还是我这种“理财方式”最安全。

又是几年过去了,许多投资理财的同事们在新一轮的牛市中,理财收益都在10%以上,加上他们原有的存款,这笔钱可以让他们轻轻松松地交付房子的首付,所以很多人都纷纷开始计划购房置业。而小李的存款却只能保证他在几年之内衣食无忧。这时,小李才发现和其他人相比,自己已然输在了起跑线上。

所以,综上所述,一定要培养自己的理财意识。收入高的就多做一些安全的投资;收入不理想的就少做一点,但不能不做。

不少人一听投资理财基金、股票就觉得恐怖,其实完全没有这样的必要。年轻时是家庭负担较小,也是最能承受风险的时候,拿出小部分的钱试试基金、股票、债券之类的金融产品,也许会遭遇部分损失,但这是提高自己投资理财能力最有效的方法。个人资产的投资增值是我们一生都要面对的问题，当我们没有富裕到可以请专业理财师来打理的时候,请自己动手吧。

有专家曾对此做过科学的研究:同样一种理财产品,你持有1年,负收益的可能性占到22%;持有5年,负收益的可能性为5%;而持有10年,负收益的可能性为0。其中的原理就在于:任何投资理财都存在一定风险波动,如果你持有的时间越长,那么风险的波动就会更趋近于它的长期均值,也就是说,你的风险会随着时间的延长而被中和掉一部分。当然,前提是你要选对真正有价值的产品,比如,在中国的理财产品中,购买银行或者业绩十分出色的国际企业的股票或基金更有利于你长期受益。而这就需要我们多了解一些关于理财方面的知识与技能,不断地寻找适合自己的理财方法、方式。

被誉为股神的巴菲特在他的一本书里介绍说,他6岁开始储蓄,每月30美元。到13岁时,已经有了3000美元,他用这3000美元买了一只股票。年年坚持储蓄,年年坚持投资,数十年如一日。现在的巴菲特,长年占据《福布斯》富人排行榜前三甲。

另外,有理财专家经过长期的观察和调研发现,股票投资虽然向来被视为风险很高的投资领域，但能在股票领域上获利颇丰的投资者,却恰恰是那些坚持长期持有的群体，这和他们对投资产品的深入研究,同时具有长期持有的信念和决心是分不开的。无论市场波动多么剧烈,这些人始终采取持有的策略来应对。

不仅仅是风险程度高的股票,风险程度略低的基金亦是如此。据有关报道称,曾经有基金公司发起过寻访公司原始持有人的活动。调查的结果是,就该公司单只基金的收益来看,原始持有人的获利普遍超过了200%，远高于那些提前赎回或者中间多次交易的投资人的回报水平。

国际上的一项调查表明，几乎100%的人在缺乏理财规划的情况下，一生中损失的财产从20%到100%不等。举例来说，有华侨在美国辛苦打拼一辈子，把毕生积蓄存于某家银行，却不幸遭遇这家银行破产。按照当地的法律，政府只保护10万美金以内的存款，其余的全部打了水漂。再举例来说，很多人在世时富甲一方，但去世后遗产税甚巨，子女仅能享受一半的遗产，甚至因为无力支付遗产税而被迫放弃遗产。

所以，作为一个现代人，尤其是最具备理财年龄优势的年轻人，应该在一开始就有个清醒的认识，树立良好的理财心态。你不需要达到格雷厄姆或巴菲特那样的大师水准，但弄清楚成熟市场基本的投资哲学和游戏规则，有助于年轻朋友避免将自己的辛苦钱捐给毫无预期的“市场黑洞”。

一个非职业的投资者，最担心的是投资市场中无所不在的“陷阱”，尤其是隐藏在大肆宣扬的回报率后面的黑箱操作。如果对自己的理财知识不是很有信心的话，最好询问专业的理财投资师或者个人理财顾问，不要自己盲目下决定，这样，才能真正做到“理之有道”。

要知道，理财不是投机，而是细水长流、相对稳健地财富积累。如果你指望着靠理财而一口吃成个胖子，最后只会是欲速不达，甚至适得其反。

因此，并不是只具备了理财的意识就足够了，对自己财产的打理也要讲究循序渐进、长线操作、稳中求升，理财既需要智慧，更需要耐心。

正确的理财步骤如下：

第一步：要了解和清点自己的资产和负债。

要想合理地支配自己的金钱，首先要做好预算，而预算的前提是要理清自己的资产状况，比如，自己有多少钱？哪些是必不可少的消费支出？有多少钱可以用来理财？

只有对自己的资产状况进行理性分析之后,才能结合自己的需求,做出符合客观实际的理财计划。而要清楚了解自己的资产状况,最简单有效的办法就是学会记账。

第二步:制定合理的个人理财目标。

弄清楚自己最终希望达成的目标是什么,然后将这些目标列成一个清单,越详细越好,再对目标按其重要性进行分类,最后将主要精力放在最重要目标的实现中去。

一般来说,大多数人的理财目标不外以下内容。

(1)应付意外风险,如失业、意外伤害等,这主要来自于保险或者备用金。

(2)供给生活开销,这主要来自于工作或者生意所得。

(3)自我发展的需要,如度假、学习、社交,来源同上。

(4)退休后的生活供给,来自于保险、退休金。

第三步:通过储蓄、投保打好基础。

我们常说盖房子要先打地基,地基牢固,房子才安全,理财也是如此。刚入社会的人,因为有着大把的时间和机会,有着可以冒险的资本,尽可以大胆出击,但是这里还是要强调,开始理财的时候,尤其是初学理财的年轻朋友,还是以稳健为好。所以,应该以储蓄、保险等理财手段先打牢地基,然后再根据自身的喜好和实际情况,尝试高风险、高回报的理财品种。

第四步:安全投资,随时随地控制风险。

什么是安全投资?就是结合自身的条件,比如抗风险能力,找到最适合自己的投资方式,千万不要急功近利,看什么赚钱快、赚得多就做什么。所以,在准备投资之前,最好分析一下自己的风险承受能力,认清自己将要做的投资属于哪种类型的投资,是稳健型投资,还是积极型投资,或者是保守型投资等,然后根据自己的条件进行投资组合,让自己的资产在保证安全的前提下最大限度地发挥保值、增值的效用。

第五步:经常学习,改进自己的理财计划。

有关权威专业机构曾经对北京、天津、上海、广州4个城市进行了专项调查，调查结果显示,74%的被调查者对个人理财服务很感兴趣,41%的被调查者则表示需要个人理财服务。

出现这种局面的原因是,我国的理财热潮刚刚兴起,理财方面的人才还十分匮乏,目前的从业人员良莠不齐,作为理财投资人,我们自己应该多学一些理财知识,有助于增加自己的鉴别力,不至于盲从上当。正如有句话所说的,“嘴是人家的，钱是自己的”，你得学会对自己的财产负责。而在自己对市场把握不准的情况下,专业机构的理财顾问能提供相对全面的资料,为客观的判断和投资做参考依据。